PUNTOS, RAYAS Y CARACOLES

Matemáticas rápidas y divertidas con ayuda de los mayas

Emma Lam, Luis Fernando Magaña
y Elena de Oteyza

Edición: Pilar Tapia
Diagramación: Mayra Alvarado
Ilustraciones: Luis Ortega y Mauricio Gómez

Primera edición 2010
Segunda edición 2013

ISBN 978-607-713-053-6

EDITORIAL TERRACOTA ET

Editorial Terracota, SA de CV
Cerrada de Félix Cuevas 14
Colonia Tlacoquemécatl del Valle
03200 México, D.F.
Tel. +52 (55) 5335 0090

info@editorialterracota.com.mx
www.editorialterracota.com.mx

Impreso en México / Printed in Mexico

2017 2016 2015 2014 2013
10 9 8 7 6 5 4 3 2 1

Contenido

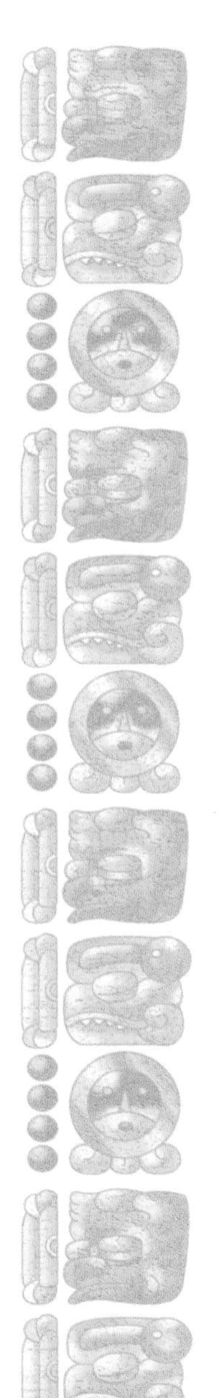

Las fascinantes y útiles matemáticas de los mayas

La civilización maya —famosa por la invención y el uso del cero antes que ninguna otra cultura en el mundo— también se conoce por sus magníficos logros culturales, arquitectónicos, médicos, astronómicos... y es uno de los pueblos precolombinos más atractivos de América a los ojos de la sociedad globalizada de hoy.

Los mayas utilizaron un sistema de numeración de puntos y rayas, que era en base 20 y que hacía uso del cero, signo que representaban con un caracol vacío. Con él fueron capaces de desarrollar un poderoso sistema de cálculo con el que concibieron un calendario más preciso que el calendario civil que hoy utilizamos y realizaron cálculos para predecir, con asombrosa precisión, acontecimientos astronómicos que siguen cumpliéndose.

En este libro se describe de manera sencilla y fascinante un procedimiento para realizar, con ayuda de la numeración maya, las operaciones matemáticas fundamentales: la suma, la resta, la multiplicación, la división y la raíz cuadrada. Este método no requiere memorizar tablas porque es un poderoso procedimiento intuitivo, dinámico y lúdico de matemáticas concretas que establece las bases para facilitar la comprensión de las operaciones.

Además, esta metodología no sólo se adapta de manera muy simple a la base 10, que es la que se emplea de manera generalizada en el mundo actual, sino que tiene la ventaja adicional de que introduce el valor posicional de forma natural al escribir los números, tal como debe hacerse en la representación maya, de abajo hacia arriba.

El resultado es poner el portentoso sistema de cálculo de los mayas al alcance de todo el mundo; es decir, significa tener una metodología que permite realizar las operaciones aritméticas y, al mismo tiempo, tener una comprensión profunda de ellas, lo que lleva a las abstracciones necesarias para disfrutar las matemáticas.

El libro ofrece un procedimiento que invita a realizar cálculos de manera divertida. Las simetrías que se forman con los puntos y rayas sugieren, por sí mismas, cómo continuar con cualquier operación aritmética de que se trate.

Emma Lam Osnaya,
Luis Fernando Magaña Solís,
Elena de Oteyza de Oteyza

Tablero modular

¿Cómo construirlo?

Para que puedas utilizar este libro y aprendas a realizar las operaciones, necesitas un sencillo tablero modular; a continuación te decimos cómo hacerlo.

Materiales:

Una regla de 30 cm y una escuadra graduada.
Uno o varios trozos de cartón rígido, suficientes para hacer cuatro cuadrados de 30 centímetros de lado.
Un plumón.
50 fichas o botones.
20 palitos o palillos.
10 caracoles pequeños.

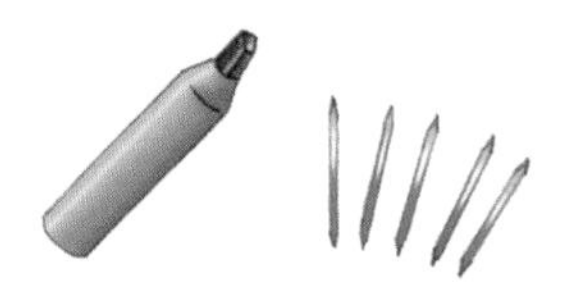

Sugerencias y comentarios:

a) Es conveniente usar cartulina ilustración o papel cascarón; si vas a comprarlo, recuerda que deben caber cuatro cuadrados de 30 cm de lado.

b) Si en tu casa hay cartón rígido, lo puedes usar. Si lo único que tienes a la mano es cartoncillo,

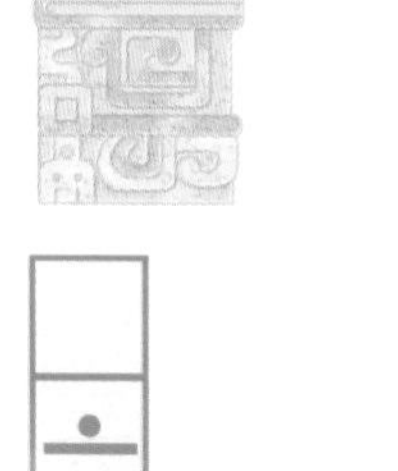

puede ser útil, pero siempre deberás usar tu tablero sobre una superficie plana, como una mesa.

c) No es necesario que compres fichas, pues puedes usar las que tengas de algún juego o pedirle a tu mamá que te preste botones de cualquier tamaño.

d) Si no puedes conseguir conchas de caracol, usa algo que tengas a la mano, pueden ser conchitas de las que recogiste en una visita a la playa, monedas, piedritas y hasta dulces. Cualquier objeto pequeño te servirá.

e) Los caracoles servirán como símbolos para el cero. Los mayas utilizaban una concha de caracol vacía para denotar precisamente que ese lugar estaba vacío, como símbolo de nada o para lo que nosotros llamamos cero.

Procedimiento:

- Recorta cuatro cuadrados de 30 centímetros de lado.
- Con la ayuda de la regla y la escuadra dibuja, en cada cuadrado, una cuadrícula que lo divida en nueve cuadrados de 10 cm de lado cada uno. Así, obtendrás cuatro tableros como el que aparece en la figura.

Hemos llamado tablero modular al conjunto de los cuatro tableros.

En algunas actividades será suficiente con uno, pero en otras habrá que unir dos, tres, los cuatro o más, para realizar las operaciones requeridas.

Las figuras muestran algunas formas de acomodar los tableros.

Esperamos que puedas disfrutar este libro y tu tablero tanto como nosotros.

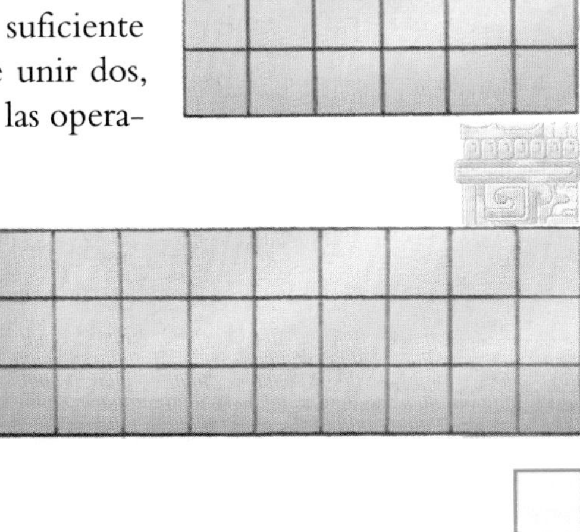

Introducción

Los antiguos mayas vivieron en una vasta zona geográfica que comprende, en México, lo que actualmente son los estados de Yucatán, Campeche, Quintana Roo y la parte oriental de Chiapas; en Centroamérica lo que hoy son Belice, Guatemala, incluyendo el Petén, y parte de Honduras.

Es muy conocido el hecho de que el calendario astronómico maya era de una gran precisión, incluso más que el calendario civil que empleamos actualmente. Además, los mayas pudieron determinar el periodo lunar con tan sólo 24 segundos de diferencia con respecto al medido con la tecnología de hoy. Asimismo lograron un calendario tan preciso sobre las apariciones de Venus que es válido para los próximos cuatrocientos años.

Es evidente que, sin una herramienta matemática suficientemente poderosa y precisa como base, los mayas no hubieran podido desarrollar con tanta perfección sus cómputos astronómicos ni su medida del tiempo.

El sistema de numeración maya era vigesimal, esto es, con base veinte, el nuestro es con base diez, es decir, decimal. Además, utilizaron el cero. Fue la primera cultura en el mundo en conocer la abstrac-

ción de dicho número, 450 años antes de nuestra era, anticipándose en seiscientos años a las culturas de la India en este descubrimiento.

Utilizaban una notación posicional, como la que empleamos actualmente en nuestro sistema de numeración, es decir, cada signo tiene un valor de acuerdo con la posición que ocupa en la representación del número.

Los mayas empleaban únicamente tres signos para representar cualquier número imaginable. Estos signos son: el punto ●, la raya ▬ y el caracol 🐚; este último lo representaban con dibujos diversos, según la importancia del documento en que figurara. Lo más frecuente, sin embargo, era usar una concha de caracol.

Con estos tres signos, los mayas realizaban todas las operaciones. Las ventajas de usar puntos, rayas y caracoles son muy notorias en la realización de esas operaciones aritméticas.

En este libro adaptamos la numeración maya a la base diez con el objeto de que puedas beneficiarte de la aritmética maya, con todas las ventajas que trae consigo, como un aprendizaje fácil, rápido y divertido para dominar las operaciones fundamentales de la aritmética de nuestros días.

Es importante señalar que en la aritmética maya no es necesario memorizar tablas de sumar, ni de restar, ni de multiplicar o dividir. Basta un tablero modular y los sencillos materiales que aparecen en las páginas anteriores.

A lo largo del libro utilizaremos los símbolos de la numeración maya para escribir los números del sistema decimal.

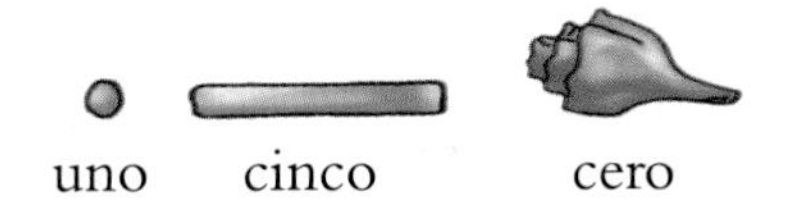

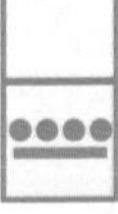

Con estos símbolos escribiremos todos los números. Los primeros nueve números son:

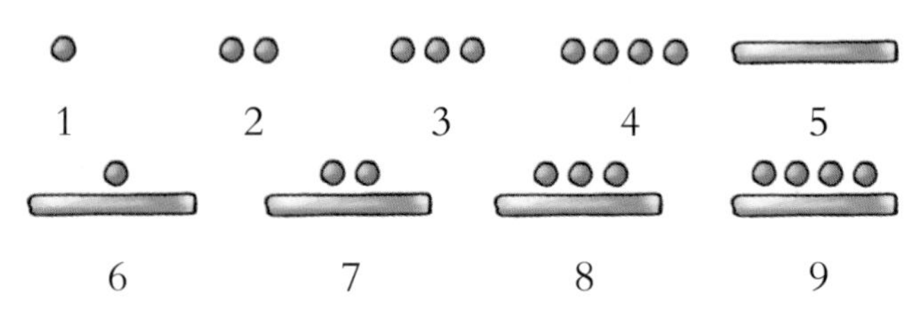

Para escribir el número diez usamos el tablero, poniendo cada dígito en un nivel.

El nivel 1 corresponde al de las unidades y el nivel 2 al de las decenas.

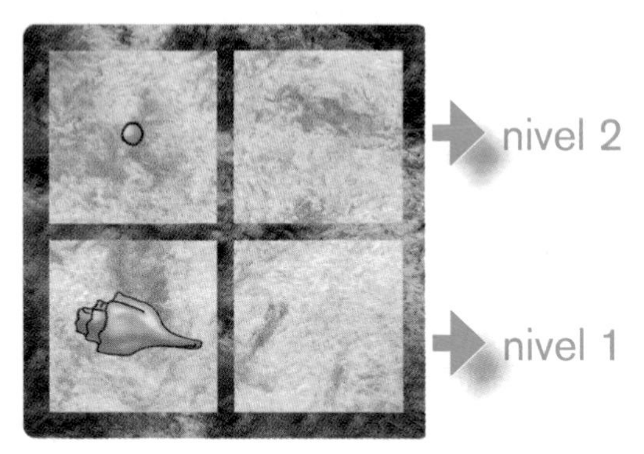

Para leer un número escrito en dos niveles, empezamos por arriba y leemos de arriba hacia abajo.

Por ejemplo el número:

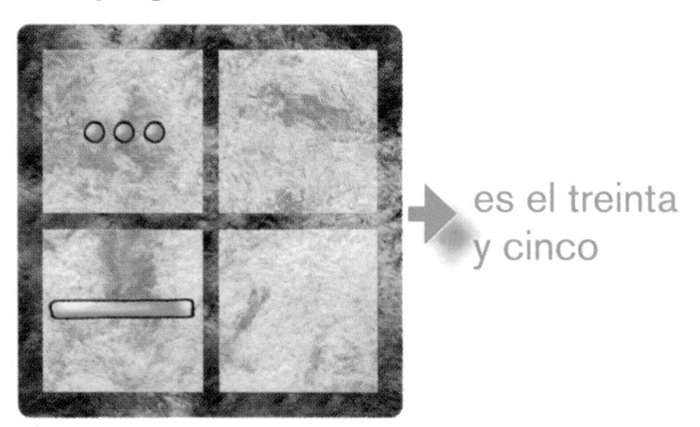

Veamos algunos ejemplos.

La ciudad de Chichén Itzá se construyó en dos etapas, primero Chichén "Viejo", a partir del año 450 de nuestra era, número que escribimos como:

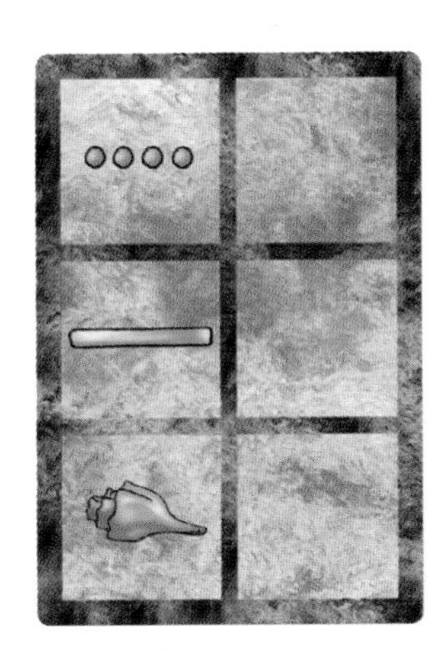

y Chichén "Nuevo", que se edificó a partir de 987.

Entre sus monumentos más famosos se encuentran el Templo de los Guerreros, la Pirámide de Kukulkán y el juego de pelota, que tiene 168 metros de largo, que escribimos como:

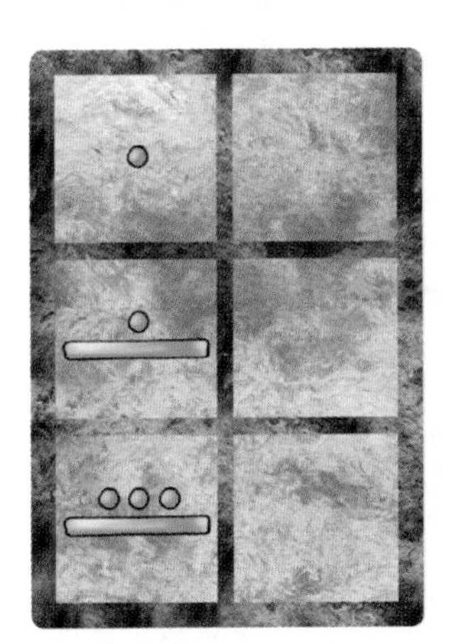

y 70 metros de ancho.

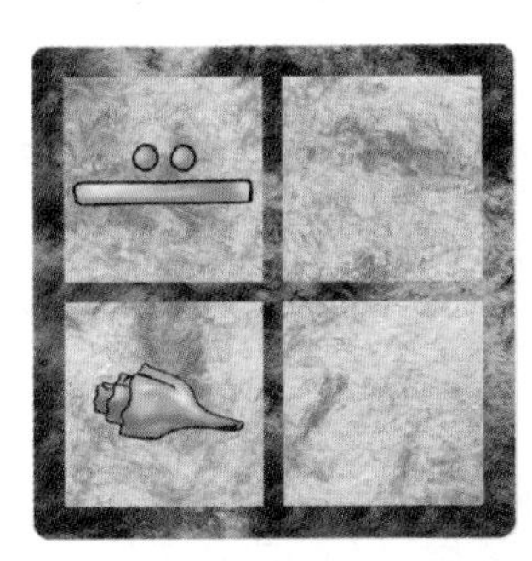

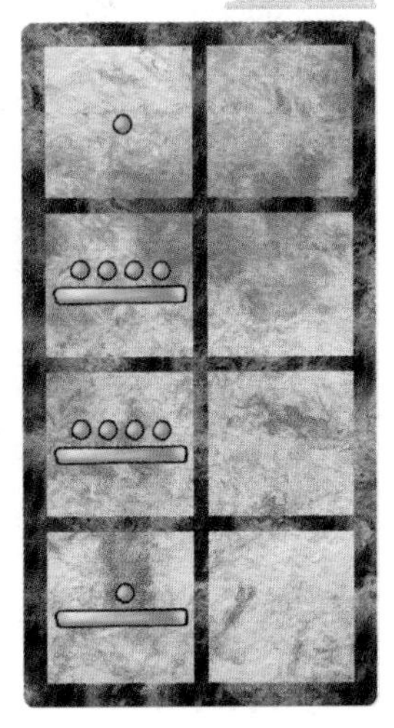

En diciembre de 1996, Uxmal, Kabah, Sayil y Labná fueron declarados por la UNESCO Patrimonios de la Humanidad.

Crucigrama

Escribe en notación desarrollada maya el número que se encuentra en **negritas** en cada uno de los enunciados.

Horizontales:

- Un cubo tiene **6** caras.

- En el maratón, el atleta debe recorrer **42 195** metros.

- Una abeja reina puede poner hasta **1 000** huevos en un día.

- Costa Rica se encuentra entre 8 y 11 grados de latitud norte y entre **83** y 86 grados de longitud oeste.

- El Coliseo de Roma podía albergar a **87 000** espectadores.

- Un hombre respira **18** veces en un minuto.

- El cometa Halley es visible desde la Tierra cada **76** años.

- El capítulo **63** de la obra *El ingenioso hidalgo don Quijote de la Mancha,* escrita por Miguel de Cervantes Saavedra, lleva por título "De lo mal que le avino a Sancho Panza con la visita de las galeras y la nueva aventura de la hermosa morisca".

- La codorniz puede alcanzar una velocidad de **91** kilómetros por hora.

- El estado de Morelos cuenta con una extensión de **4 950** kilómetros cuadrados.

Una alberca para competencias olímpicas mide **50** metros de largo.

Anaximandro, considerado como el padre de la astronomía griega, nació en Mileto en el año **610** a.C.

En noviembre de **1957** la perra Layka se convirtió en el primer animal astronauta al viajar en el *Sputnick 2* sobre la órbita terrestre.

Verticales:

El perímetro del Ecuador es de aproximadamente **40 074** kilómetros.

2 006 951.

La araña conocida como viuda negra puede vivir hasta **98** días.

México cuenta con **5 363** kilómetros cuadrados de islas.

El investigador escocés Alexander Fleming, descubridor de la penicilina, nació en **1881**.

El mayor brote de meningitis en **1996** se registró en África, con casi doscientos mil casos.

La distancia de la Tierra a la Luna es **60** veces el radio de la Tierra.

Francisco Pizarro, conquistador español, nació en 1478 en Trujillo, España, salió hacia el Nuevo Mundo en 1**509**, conquistó Perú y en 1535 fundó la ciudad de Lima, para que se convirtiera en la capital del virreinato del Perú.

Un ángulo obtuso mide más de **90** grados.

Después de la Revolución Mexicana, en 19**17**, se promulgó la Constitución Política de los Estados Unidos Mexicanos, aún en vigor.

Solución:

El menor gana

Materiales:

a) cartulinas de colores distintos, de tamaño suficiente para hacer tarjetas de cada color.

b) pluma o plumón de tinta negra.

c) hoja de papel para cada jugador, con su nombre.

Manera de elaborar el juego:

Corta tarjetas de cada color, del mismo tamaño y de forma rectangular.

Dibuja en las tarjetas de cada color uno de cada uno de los símbolos:

Así, tendrás cuatro tarjetas de cada símbolo, una de cada color.

Reglas del juego:

- Número de jugadores: de dos a seis.
- Se barajan las cartas.
- Se reparte una carta a cada jugador. El jugador con la carta más alta es el que reparte.

- Se vuelven a barajar las cartas.
- El jugador que ganó el sorteo reparte una ronda de cartas dándole a cada jugador una carta hasta completar ●●●● cartas por jugador. Empieza a repartir por el jugador que tiene a la derecha.
- Cada jugador debe formar el número más chico posible usando todas sus cartas. No debe mostrar sus cartas.
- Los jugadores pueden cambiar una carta que les proporcionará el que reparte.
- Todos los jugadores muestran el número menor que formaron con sus cartas y anotan en su papel el número que obtuvieron. Gana la mano el jugador con el número menor.
- Se barajan de nuevo todas las cartas. Ahora reparte el que se encuentra a la derecha del primero que repartió y se repite el proceso.
- Después de ●▬ turnos, cada jugador pasa su hoja al que está a su derecha, para que éste haga la suma de las cantidades anotadas en dicha hoja.
- Gana el que tenga menos puntos.

Ejemplo:

Si la mano de un jugador es

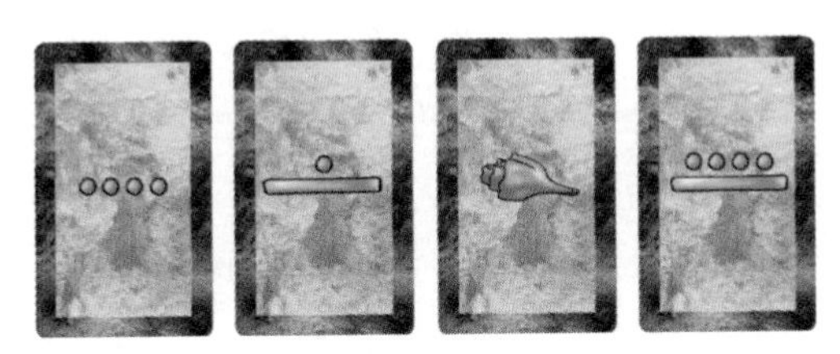

entonces debe formar el número

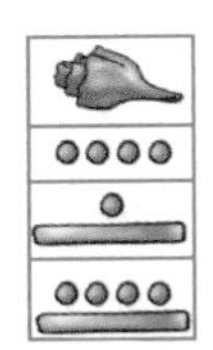

y la carta que debe cambiar es la que tiene el ●●●●▬.

La Independencia en la sopa

Ingredientes:

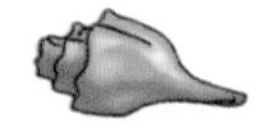

Manera de hacerse:

Localiza en el siguiente cuadro los números que aparecen en los enunciados. Puedes encontrarlos de manera horizontal, vertical o diagonal. Están orientados de cualquier manera.

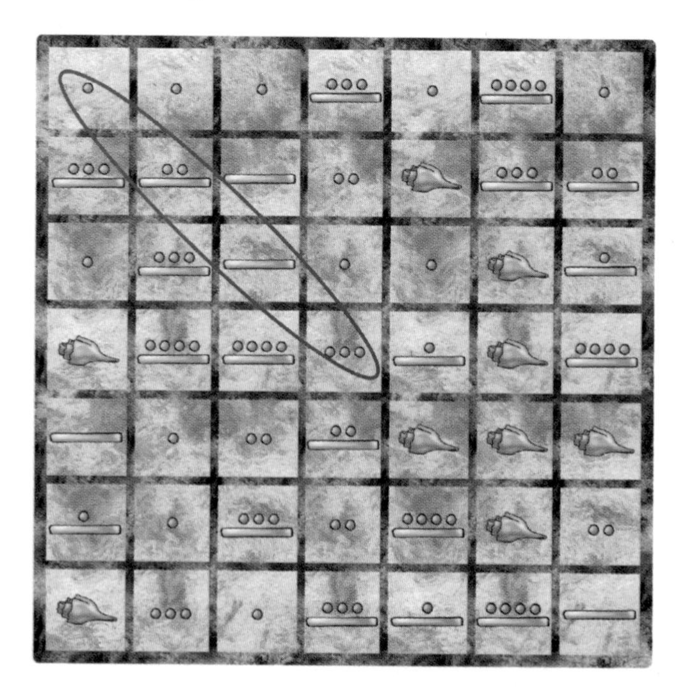

En el ejemplo marcado con rojo aparece la fecha en que Miguel Hidalgo y Costilla, el padre de la patria, nació en Pénjamo, Guanajuato, que es 1753.

- • Miguel Hidalgo inicia el movimiento insurgente el día 16 de septiembre de 1810.

- • • Ignacio Allende y Unzaga nació en 1769 en San Miguel el Grande, hoy San Miguel de Allende. Era el cabecilla de los conspiradores de Querétaro, entre los que se encontraban Miguel Hidalgo, los hermanos Aldama y Josefa Ortiz de Domínguez.

- • • • El 20 de diciembre se edita en Guadalajara el primer número del periódico insurgente *El Despertador Americano*.

- • • • • El 13 de septiembre de 1813 José María Morelos y Pavón reunió a los miembros del primer Congreso de Chilpancingo, quienes redactaron el Acta de Independencia.

- —— Josefa Ortiz de Domínguez participó en la organización del movimiento de Independencia. Cuando se descubrió la conspiración contra el gobierno español, ella fue la que dio aviso a los insurgentes. Murió en 1829.

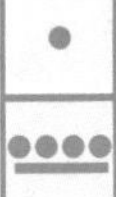

Leona Vicario Fernández de San Salvador nació en 1789 en la Ciudad de México. Con sus bienes ayudó a la causa insurgente y logró establecer un correo para informar a los rebeldes lo que ocurría en la capital.

En 1819 el padre de Vicente Guerrero se entrevistó con él para convencerlo de deponer las armas, a lo que Vicente se negó respondiendo con la famosa frase "la patria es primero".

En la batalla del Monte de las Cruces el ejército insurgente, dirigido por Ignacio Allende, con 80 000 hombres derrotó al ejército realista.

Mariano Jiménez era ingeniero de minas y fue teniente general del ejército independentista. Entró en Matehuala con 7 000 hombres y 28 piezas de artillería, la mayoría fabricadas por él.

La columna de la Independencia se encuentra en el Paseo de la Reforma en la Ciudad de México. La construyó el arquitecto Antonio Rivas Mercado y el monumento fue inaugurado el 16 de septiembre de 1910, al cumplirse el centenario del levantamiento de Independencia. En la columna están los restos de varios insurgentes, como Hidalgo, Morelos, Allende, Jiménez y algunos más.

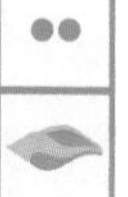

Aprende a sumar y a restar

Para efectuar las operaciones usaremos las siguientes:

Reglas:

- • 2 rayas en un nivel equivalen a 1 punto en el nivel inmediato superior.
- •• 1 punto en un nivel equivale a dos rayas en el nivel inmediato inferior.
- ••• 5 puntos en un nivel equivalen a 1 raya en el mismo nivel.
- •••• 1 raya en un nivel equivale a 5 puntos en ese nivel.

Observaciones:

a) No es correcto poner dos rayas en un nivel, cuando eso suceda después de efectuar una operación, usamos la regla 1.

b) No es correcto poner más de cuatro puntos en un nivel, cuando eso suceda como resultado de una operación, usamos la regla 3.

c) Usaremos las reglas 2 y 4 cuando convenga según la operación que vayamos a realizar.

Así se suma:

Para efectuar la suma colocamos los números de forma que coincidan los niveles, es decir, las unidades con las unidades, las decenas con las decenas, etcétera.

Ejemplo:

- Efectúa la suma

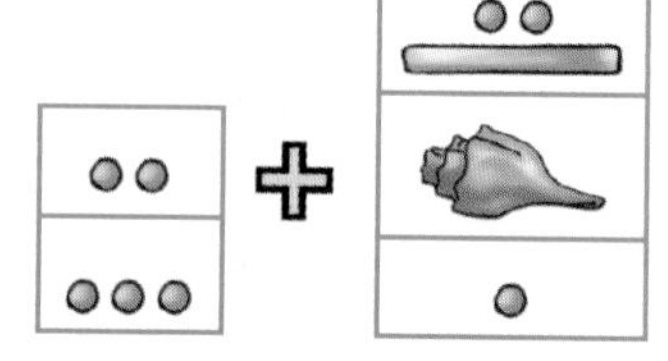

Colocamos los números en el tablero y copiamos en la tercera columna por niveles:

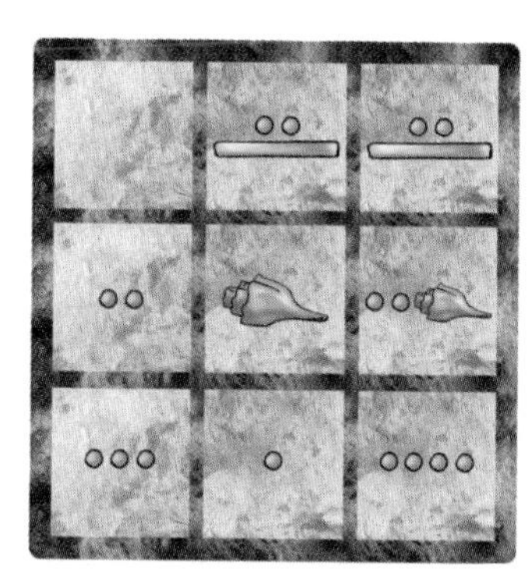

Cuando aparece un acompañado de algo más, quitamos el y dejamos lo demás, entonces:

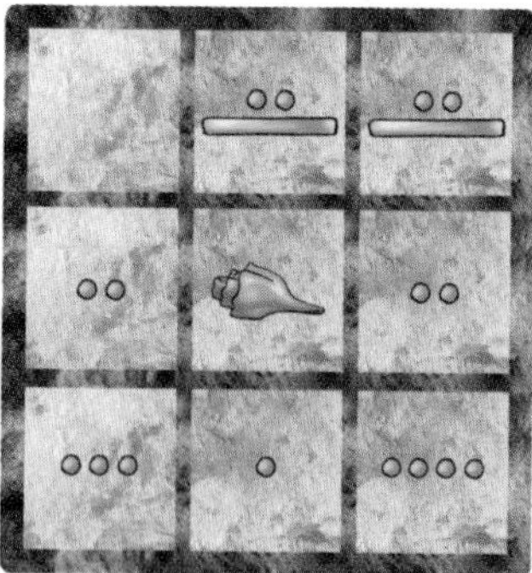

Leemos el resultado en la tercera columna.

Otro ejemplo:

•• En 1752 Benjamín Franklin inventó el pararrayos, 124 años después Alejandro Graham Bell inventó el teléfono. ¿En qué año se inventó el teléfono?

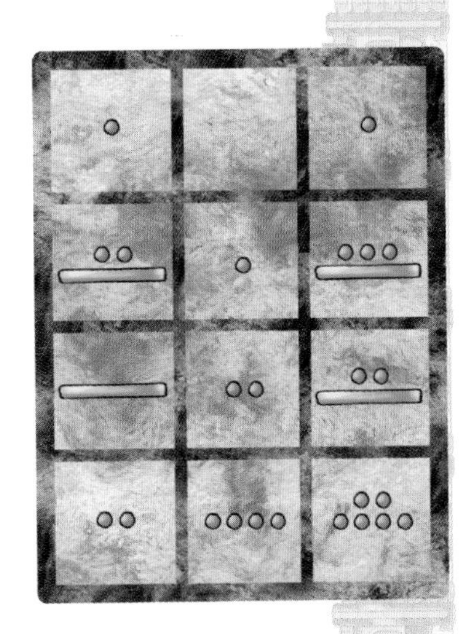

Solución:

Colocamos en el tablero los números en notación maya haciendo coincidir el nivel de las unidades. En la tercera columna copiamos lo que hay en las otras dos, por niveles.

Por último, utilizamos las reglas para escribir el número correctamente.

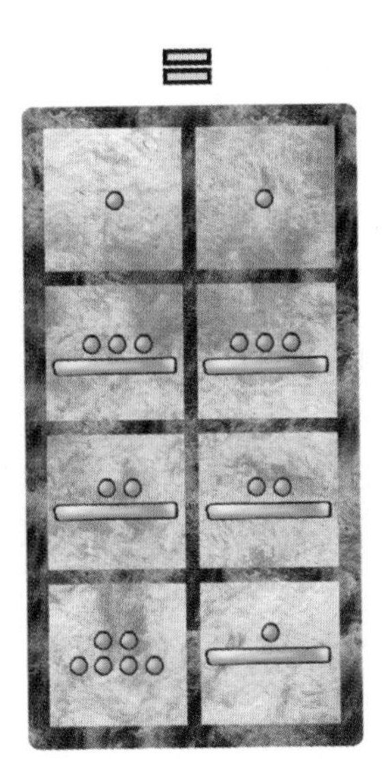

El teléfono se inventó en 1876.

Así se resta:

Como en el caso de la suma, para la resta colocamos los números haciendo coincidir los niveles, es decir, las unidades con las unidades, las decenas con las decenas, etcétera. Debemos tener cuidado y colocar a la izquierda el número mayor.

Ejemplo:

- Efectúa la resta

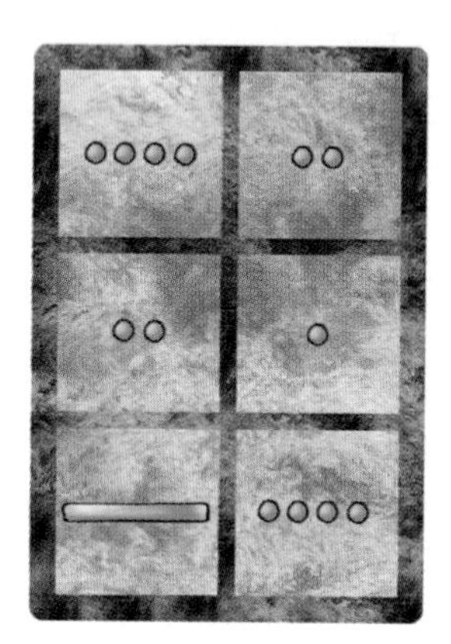

Se resta por niveles, empezando por abajo. Ponemos en la tercera columna del tablero lo que resulte de quitar a la columna de la izquierda lo que tenemos en la segunda. La regla es punto mata punto y raya mata raya.

Observa que en el ejemplo en el nivel de abajo tenemos una raya, para poder matar los cuatro puntos del lado derecho, cambiamos la raya por cinco puntos.

Así obtenemos:

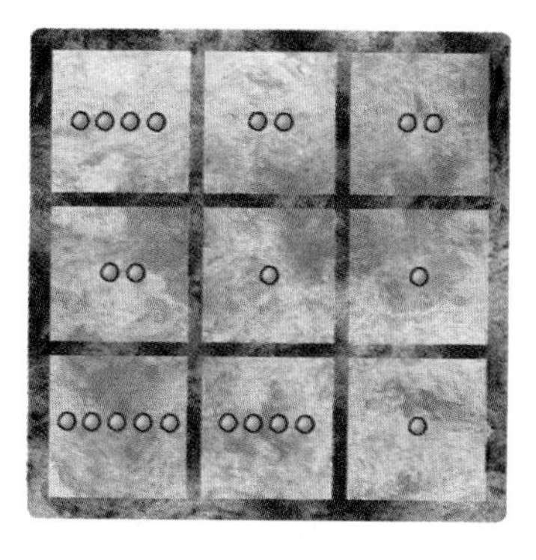

Concluimos que 425 – 214 = 211.

En ocasiones es necesario usar las reglas 2 y 4 para poder realizar la resta.

Otro ejemplo:

•• Un hipopótamo puede vivir hasta 51 años mientras que un chimpancé puede vivir hasta 44. ¿Cuántos años más que un chimpancé puede vivir un hipopótamo?

Solución:

Debemos efectuar la resta 51 – 44, para lo cual colocamos los números en el tablero.

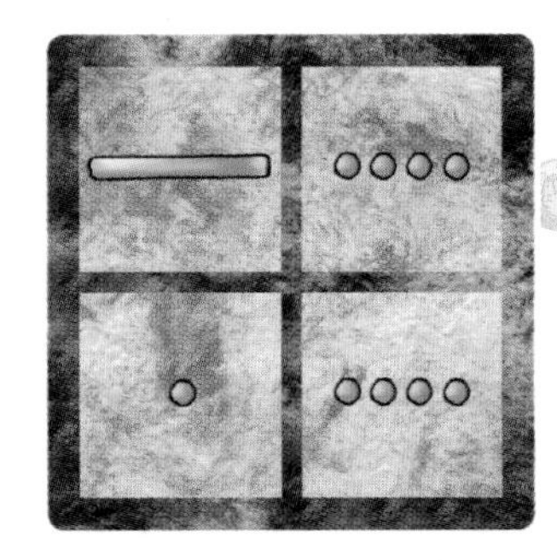

Observamos que no podemos hacer la operación en el primer renglón, por eso convertimos la raya de la primera casilla en cinco puntos, tomamos uno de los puntos y lo pasamos al nivel de abajo como dos rayas.

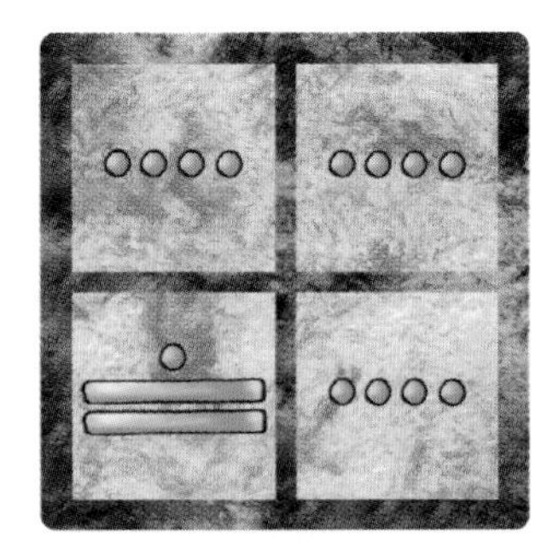

Ahora cambiamos una de las dos rayas por cinco puntos y efectuamos la operación.

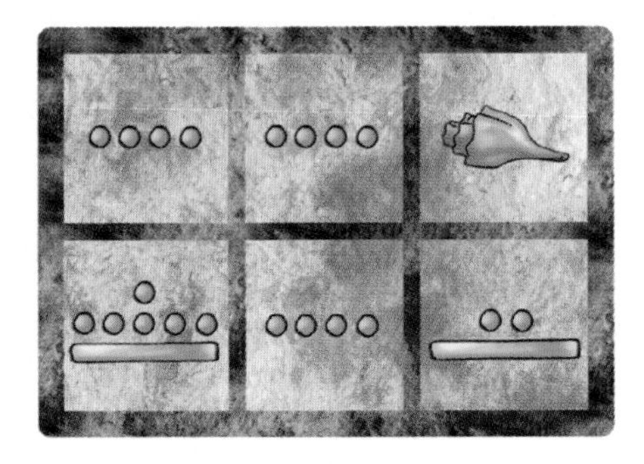

Un hipopótamo puede vivir siete años más que un chimpancé.

Suma

Martín Luis Guzmán nació en Chihuahua, Chihuahua, el 6 de octubre de 1887. En 1913 obtuvo el título de abogado en la Escuela Nacional de Jurisprudencia. Entre sus obras destaca *La sombra del caudillo,* que publicó cuando tenía 42 años. ¿En qué año se publicó la obra?

Solución:

Puesto que nació en 1887 y tenía 42 años cuando apareció *La sombra del caudillo,* debemos efectuar la suma

$$1887 + 42$$

para obtener la fecha de publicación.

Usamos el tablero para escribir la operación en la notación maya:

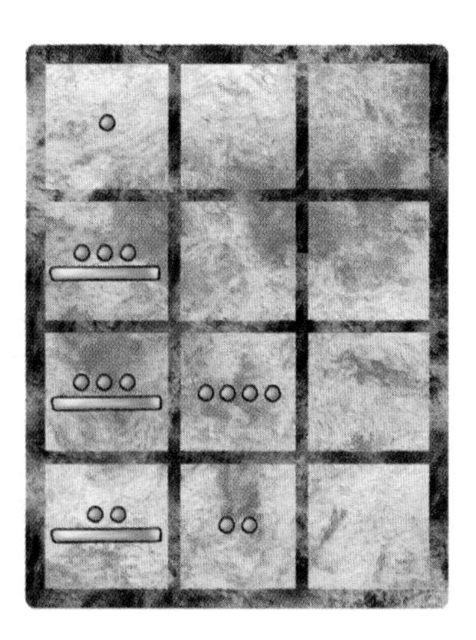

Copiamos por niveles:

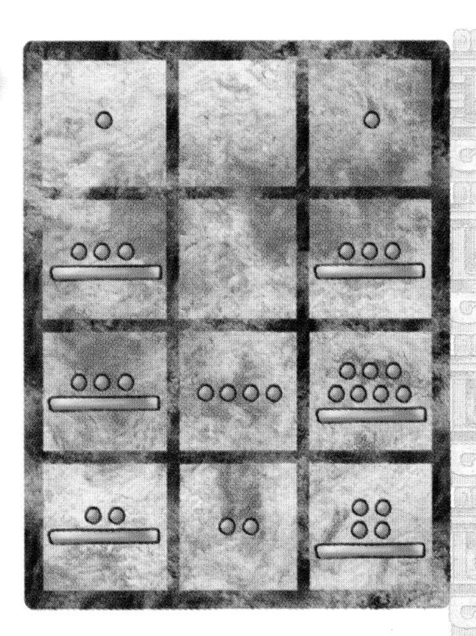

y simplificamos:

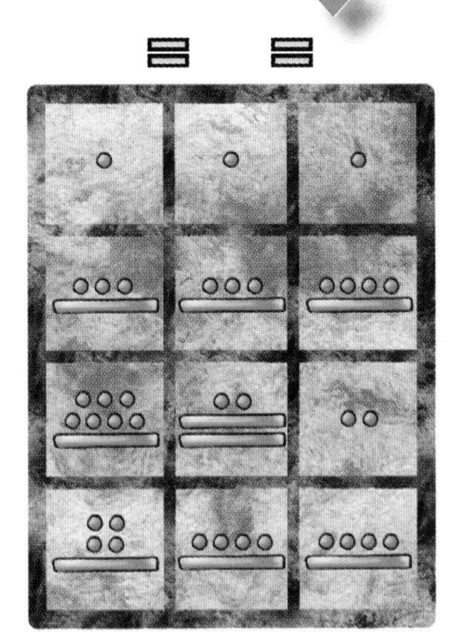

Leemos el resultado para concluir: Martín Luis Guzmán publicó *La sombra del caudillo* en 1929.

Ejercicios:

- Una taza de chocolate tiene 260 calorías y un pan dulce 235. ¿Cuántas calorías consume una persona que come un pan dulce acompañado de una taza de chocolate?

- Miguel Hidalgo y Costilla nació el 8 de mayo de 1753. A los 49 años era cura en el pueblo de Dolores, ocho años después dio el grito de Independencia y murió fusilado nueve años más tarde, el 30 de julio de 1811. ¿Cuántos años tenía Hidalgo cuando murió?

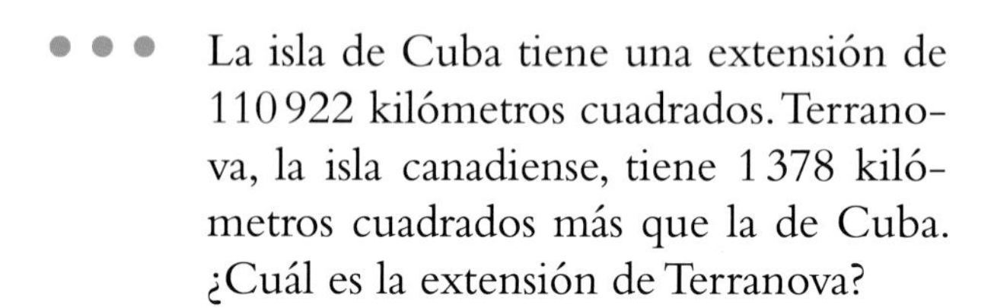

La isla de Cuba tiene una extensión de 110 922 kilómetros cuadrados. Terranova, la isla canadiense, tiene 1 378 kilómetros cuadrados más que la de Cuba. ¿Cuál es la extensión de Terranova?

La Sierra Madre Oriental tiene una longitud de 1 530 kilómetros, mientras que la Sierra Madre Occidental corre a lo largo de 1 450 kilómetros. Encuentra la suma de las longitudes de estas sierras, que son las cadenas montañosas más largas de México.

En nuestro planeta aproximadamente 148 330 000 kilómetros cuadrados están ocupados por tierra, el resto está cubierto por agua y mide casi 361 740 000 kilómetros cuadrados. ¿Cuánto mide en total la superficie de la Tierra?

José Guadalupe Posada, ilustre grabador mexicano conocido por sus representaciones de la muerte, nació en Aguascalientes en 1852. A los 14 años trabajaba como aprendiz de litografía y grabado, seis años más tarde se trasladó a León, Guanajuato, donde realizó litografías y grabados para ilustrar libros y cajas de cerillos. Quince años después se fue a vivir a la Ciudad de México, donde instaló el taller en el que trabajó hasta su muerte, 26 años más tarde. Entre sus obras más famosas se cuenta *La catrina*. ¿Qué edad tenía Posada cuando murió y en qué año fue?

Agiliza la memoria con ayuda de los mayas

Materiales:

- Un trozo de cartoncillo o cualquier cartón rígido de cuatro colores distintos, por ejemplo rojo, verde, azul y amarillo, en realidad no importa el color (pero de preferencia no negro), suficiente para hacer 9 tarjetas de cada color.
- Una pluma o plumón de tinta negra.

Manera de elaborar el juego:

Corta 9 tarjetas de cada color, pueden ser cuadradas o rectangulares, de tamaño no más grande que el de una carta de baraja.

Dibuja en las tarjetas de cada color uno de cada uno de los símbolos:

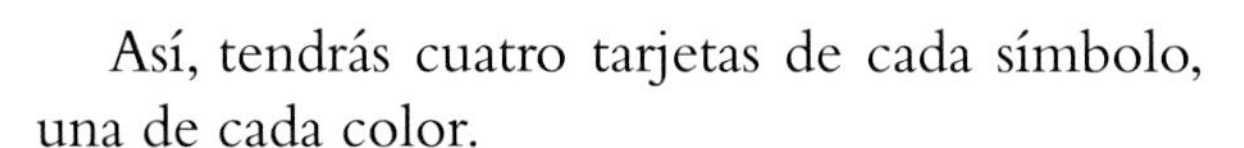

Así, tendrás cuatro tarjetas de cada símbolo, una de cada color.

Reglas del juego:

- Pueden participar dos o tres jugadores.
- Se establece el orden en el que participarán los jugadores.
- Se colocan todas las tarjetas boca abajo en una superficie plana.
- El primer jugador voltea dos tarjetas mostrándolas a todos, si la suma de los números que aparecen en las tarjetas es mayor que 9, se queda con ellas y toma otro par, y así sucesivamente hasta que obtenga un par que sume 9 o menos, en cuyo caso las devuelve al lugar en el que estaban y pasa el turno al siguiente participante.
- El juego termina cuando el jugador correspondiente levanta el último par.
- Gana el juego el que obtenga la mayor puntuación al sumar los números de las tarjetas que acumuló.

Variantes:

Puede elaborarse un mayor número de cartas, por ejemplo usando los símbolos

y modificando las reglas, por ejemplo pidiendo que para que un jugador conserve un par de cartas, éste debe sumar más de 12.

Esta variante permite modificar el número de jugadores.

Puedes personalizar el juego modificando las reglas. Y ahora sí, ¡a jugar!

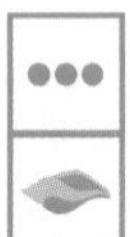

Sumitas

Coloca en cada uno de los espacios vacíos del triángulo

alguno de los números:

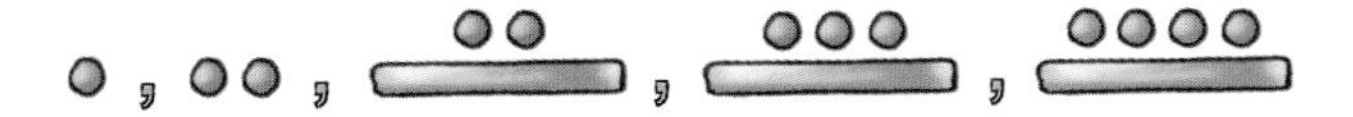

de manera que la suma de los números que queden en cualquier lado del triángulo sumen 20.

Solución:

Una manera de colocarlos es:

Observa, hay más soluciones, que se obtienen al intercambiar ○○ y ○○/═ o bien ○ y ○○○○/═ .

Ahora, con la misma dinámica coloca en los espacios vacíos del cuadrado

los números

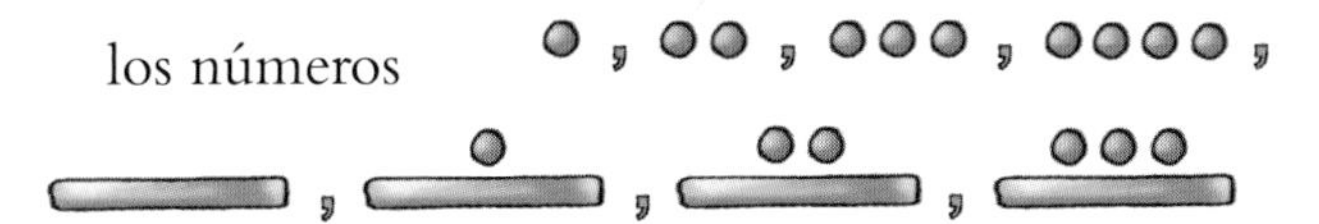

de manera que la suma de los números de cada uno de los lados sea 27.

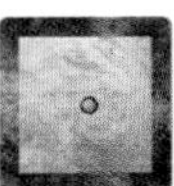

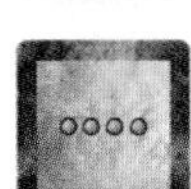

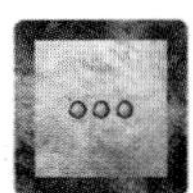

Solución:

Nuevamente hay números que podemos intercambiar para encontrar otro acomodo.

¿Podrías encontrar tú otra solución?

El adivino

Un mago amigo mío, llamado Andrés, me dijo ayer por la tarde:

—Escribe un número de dos cifras en notación maya.

Yo escribí: 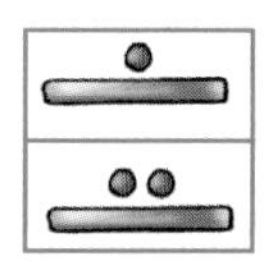

—Vamos a escribir cuatro números más, todos de dos cifras; tú eliges dos y yo otros dos —me dijo— y verás que la suma final va a ser 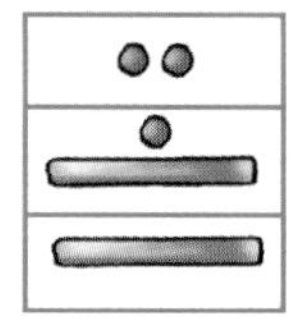

Por supuesto que no le creí, por lo que le dije: —¿Estás seguro de que yo puedo elegir el que quiera?

A lo que él respondió muy seguro: —Sí.

El segundo número que di fue: 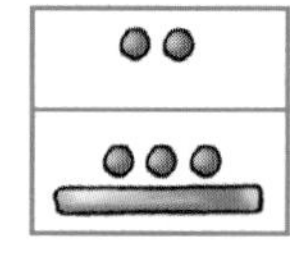

él escribió: 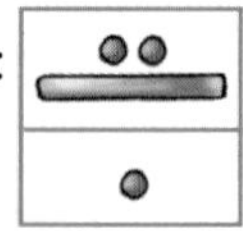

yo me apresuré a escribir: 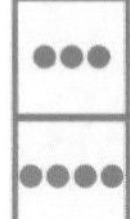 y Andrés con toda calma escribió: 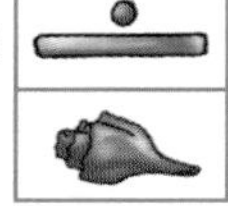

Inmediatamente tomé mi tablero para hacer la suma:

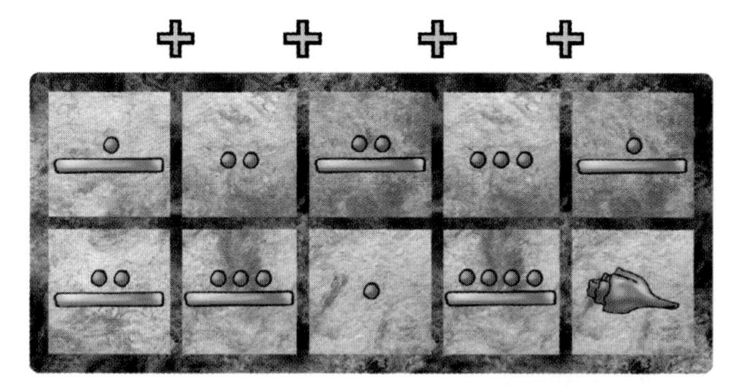

al agrupar por niveles obtuve:

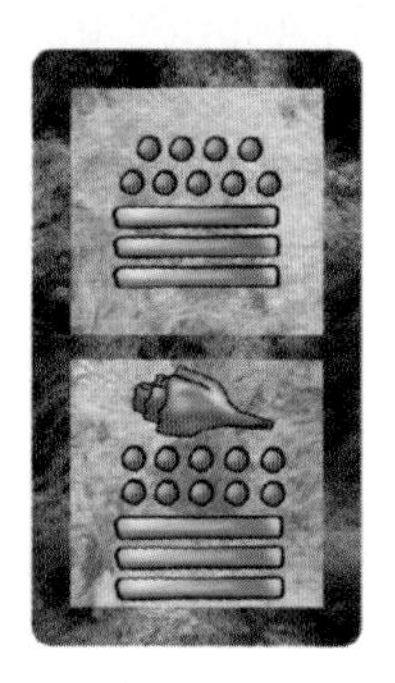

luego puse una raya por cada cinco puntos y por cada dos rayas en un nivel puse un punto en el nivel superior, aumenté un nivel arriba y obtuve el número que dijo Andrés.

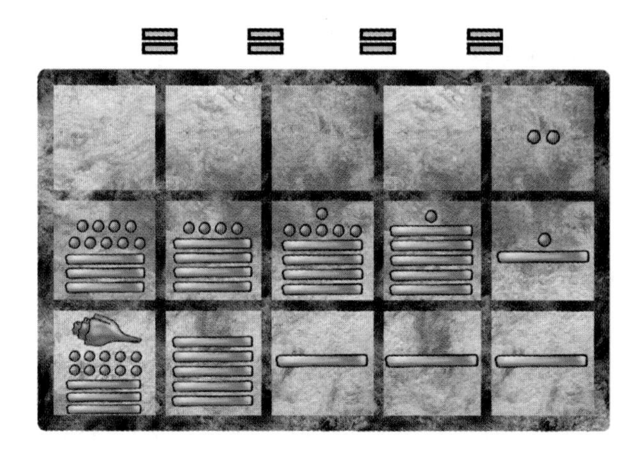

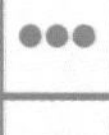

Para terminar me dijo:

—Si encuentras el truco, puedes platicárselo a tus amigos.

Durante la tarde pensé y encontré el truco. Intenta encontrarlo tú; si no lo logras, ve la solución que escribo a continuación y después sorprende a tus amigos.

Solución:

Una vez que te dan el primer número de dos cifras, lo lees y mentalmente debes sumar 198 (observa que lo más fácil es sumar doscientos y restar dos), el resultado obtenido es lo que debe dar la suma.

Después pide que te den el segundo número. Para escribir el tercero, hazlo de manera que cada cifra, sumada a la correspondiente del número anterior, sea 9; así, el segundo número más el tercero debe ser 99.

Por último pide el cuarto número de dos cifras y escribe el quinto de la misma forma que el tercero, es decir, de tal suerte que la suma de los dos últimos sea 99 y pide a tu amigo que efectúe la suma.

La razón por la que el resultado es el esperado es que la suma del segundo y el tercero es 99 y la del cuarto y el quinto también, es decir, la suma de los cuatro últimos números es 198, que es el número que sumaste mentalmente al primero.

Mi amigo es el físico Andrés Porta Contreras.

Cruz o cuernos

Coloca los símbolos 
en lugar de a, b, c y d en la figura siguiente de manera tal que se cumpla que:

a + b = d
a + d = c

Por supuesto es posible resolver el problema mediante tanteo, sin embargo, procederemos a ofrecer otra manera de hacerlo, con la ventaja de que podremos encontrar todas las posibles soluciones.

La manera de proceder es la siguiente:

Establecemos uno de los posibles valores de a y analizamos todas las posibilidades para las otras letras, eliminando los casos en los que obviamente no se cumplen las igualdades, por ejemplo:

Si a = ●●, hay dos posibilidades para b:

• b = ●●●● en cuyo caso d= ●▬ y c = ●●●▬, o bien

•• b = ●▬ en cuyo caso d= ●●●▬ y c = ●●●●

En cada caso hay que verificar que se cumplan las igualdades

$$a + b = d$$
$$a + d = c$$

Después analiza qué pasa si a = ●●●● o si a = ●▬, observa que a no puede ser ●●●▬, pues en ese caso no hay manera de elegir los otros números de modo que se cumplan las ecuaciones.

Solución:

A las dos posibilidades que teníamos, agregamos las siguientes:

Si a = ●●●●, la única posibilidad es:

••• b = ●● en cuyo caso d= ●▬ y c = ●●●▬

Si a = ●▬, la única posibilidad es:

•••• b = ●● en cuyo caso d= ●●●▬ y c = ●▬

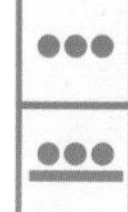

Analizamos ahora caso por caso:

Caso●. Observamos que en este caso se cumplen las dos igualdades, por lo tanto, una solución es:

Caso●●. En este caso se cumple que $a + b = d$ pero no se cumple que $a + d = c$.
En este caso no encontramos una solución.

Caso●●●. En este caso se cumple que $a + b = d$ pero no se cumple que $a + d = c$.
En este caso no encontramos una solución.

Caso ●●●●. En este caso se cumple que $a + b = d$ pero no se cumple que $a + d = c$.
En este caso no encontramos una solución.

Entonces la única solución es:

Resta

La primera copa mundial de futbol se llevó a cabo en Uruguay. Exactamente 56 años después, en 1986, se realizó en México. ¿En qué año fue la primera copa mundial?

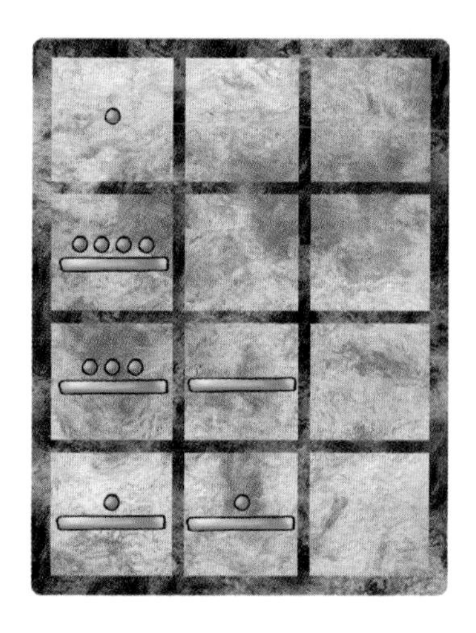

Solución:

Para encontrar la fecha que se nos pide debemos encontrar la diferencia 1986 – 56. Usamos el tablero para escribir la operación en notación maya:

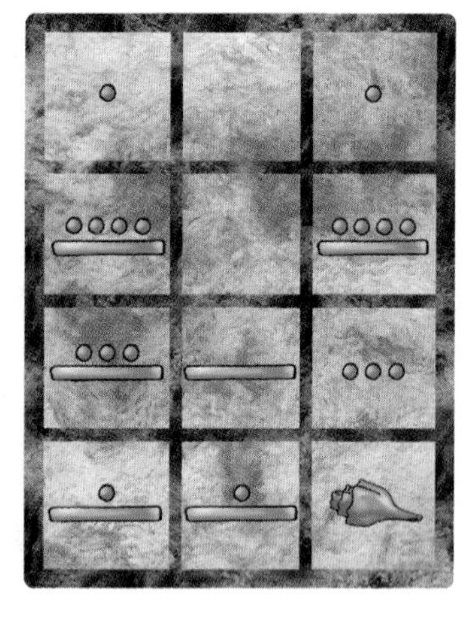

Efectuamos la operación por niveles:

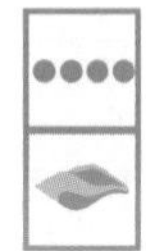

Leemos el resultado para concluir:

La primera copa mundial de futbol se realizó en 1930.

Ejercicios:

- • Cristóbal Colón descubrió América cuando tenía 41 años de edad, en 1492. ¿En qué año nació el descubridor?

- •• Según el censo de 1990, el estado de Tabasco tenía 1 501 744 habitantes y el de Querétaro 1 051 235, ¿cuántos habitantes más tenía Tabasco que Querétaro?

- ••• El desierto de Sonora tiene una extensión de 310 000 kilómetros cuadrados y el Sahara, en África, mide 8 400 000 kilómetros cuadrados. ¿Cuántos kilómetros cuadrados más grande es el Sahara?

- •••• El volcán Santa Elena, en Estados Unidos, hizo erupción en 1980. Treinta y siete años antes hizo lo propio el volcán Paricutín en México. ¿En qué año hizo erupción el Paricutín?

- — El Pico de Orizaba o Citlaltépetl, la montaña más alta de México, alcanza una altura de 5 699 metros, 413 metros por encima del volcán Iztaccíhuatl. ¿Qué altura tiene el Iztaccíhuatl?

- •— El río Nilo mide 6 670 kilómetros de longitud, le sigue el Amazonas con 222 kilómetros menos y el Mississippi con 478 kilómetros menos que el Amazonas.

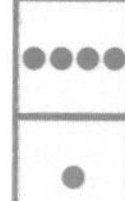

¿Cuál es la longitud del Amazonas y del Mississippi?

Federico Chopin, famoso pianista polaco, célebre por sus *Polonesas*, murió en París en 1849 a los 39 años. ¿En qué año nació?

José Clemente Orozco, pintor mexicano reconocido mundialmente, nació en Ciudad Guzmán, Jalisco, en 1883. Cuarenta grandes frescos realizados por él pueden verse en el Hospicio Cabañas en Guadalajara. Orozco murió en la capital de la república en 1949. ¿Qué edad tenía el pintor cuando murió?

El científico Albert Einstein, autor de la teoría de la relatividad, nació en Alemania en el siglo XIX, obtuvo el Premio Nobel en 1921 y murió en Estados Unidos en 1955, a los 76 años. ¿En qué año nació?

Miguel Hidalgo y Costilla nació en el estado de Guanajuato en 1753. En 1778 fue ordenado sacerdote y dio el grito de Dolores en 1810, a los 57 años. ¿Qué edad tenía cuando fue ordenado sacerdote?

Poeta

Poeta mexicano nacido en Saltillo, Coahuila, el de agosto de

Perteneció a la generación de los poetas reformistas y liberales. Entre sus poesías están "Una limosna", "A la patria", "Un sueño".

El poeta muere el de diciembre de

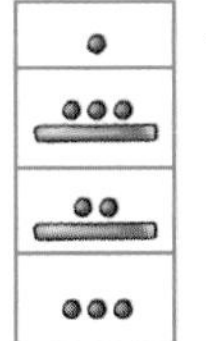

.

¿A qué edad murió?

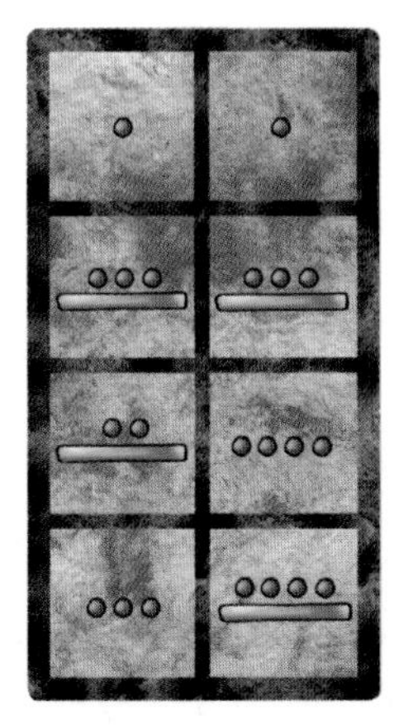

Solución:

Debemos hacer la resta.

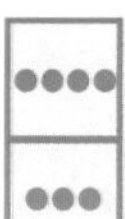

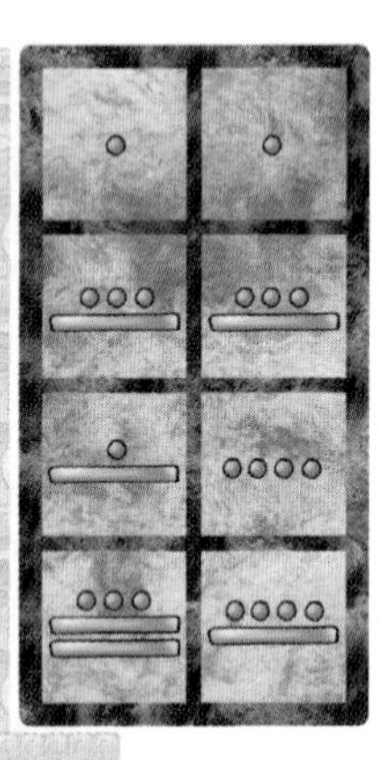

Como en el nivel de las unidades no podemos restar, entonces bajamos un punto del nivel de las decenas como dos rayas.

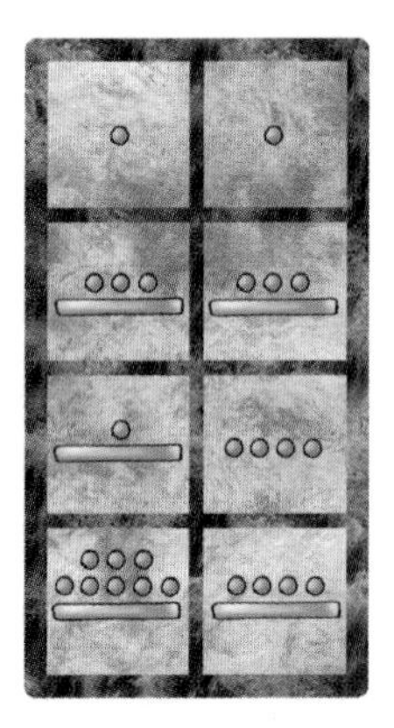

Ahora escribimos una de las rayas como cinco puntos en el nivel de las unidades.

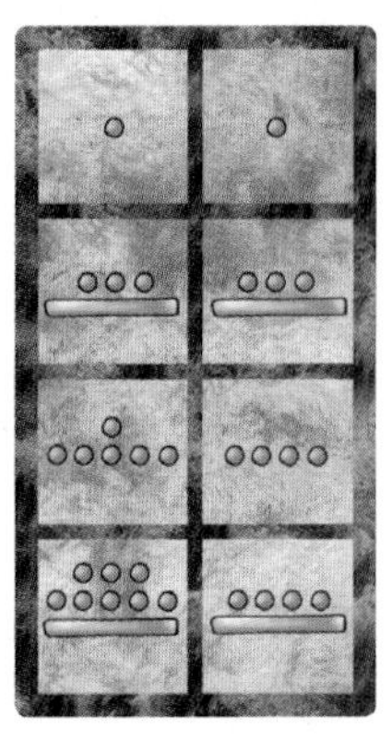

Observamos que en el lugar de las decenas debemos escribir la raya como cinco puntos.

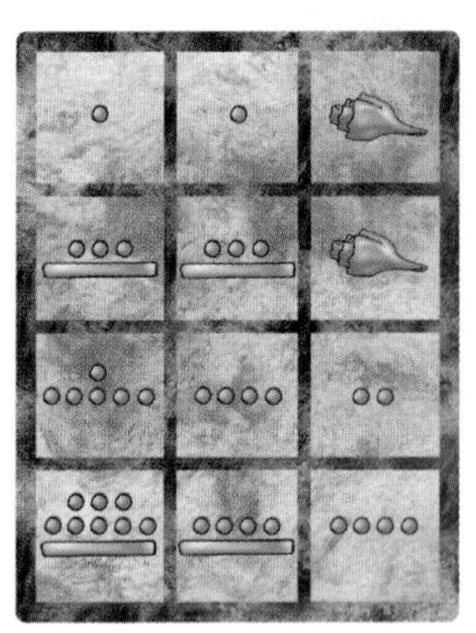

Ahora ya podemos hacer la resta.

El poeta tenía 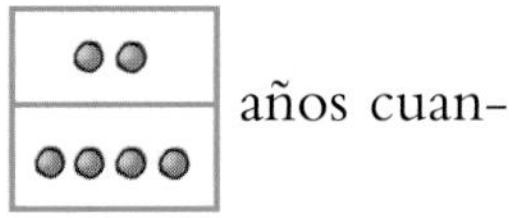 años cuando murió.

Para saber el nombre del poeta, resuelve las siguientes restas y tacha el resultado en el cuadro que aparece abajo.

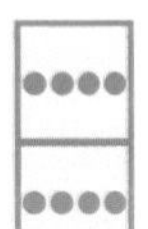

Las casillas no tachadas en el primer renglón te darán el nombre del poeta y las del segundo renglón su apellido.

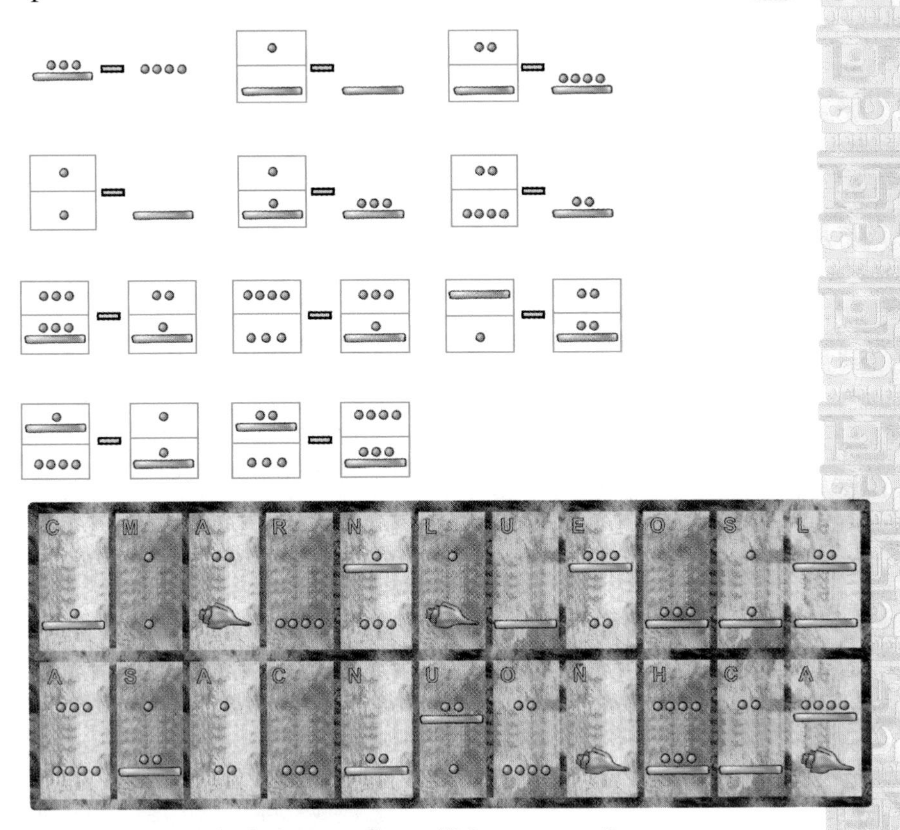

Su poema más famoso se llama "Nocturno a Rosario" y empieza así:

¡Pues bien! yo necesito
decirte que te adoro
decirte que te quiero
con todo el corazón;
que es mucho lo que sufro,
que es mucho lo que lloro,
que ya no puedo tanto
y al grito en que te imploro,
te imploro y te hablo en nombre
de mi última ilusión.

Cuadrados mágicos

Un cuadrado mágico tiene la propiedad de que la suma de los números que están en cada renglón, cada columna y cada diagonal principal es la misma; esta suma es la suma mágica.

Encuentra la suma mágica y completa el siguiente cuadrado mágico.

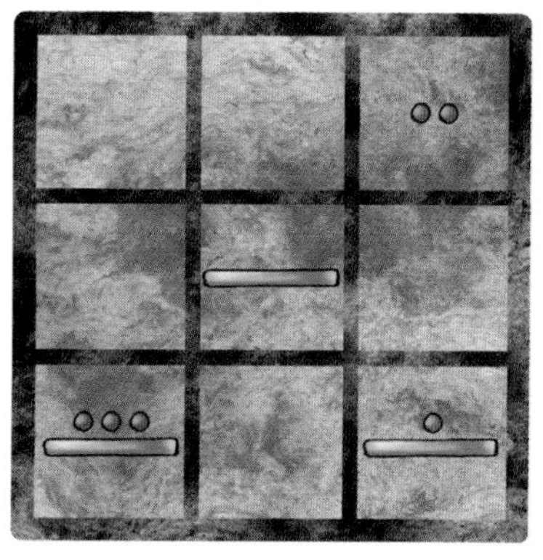

Como una de las diagonales está completa, entonces sumamos estos números.

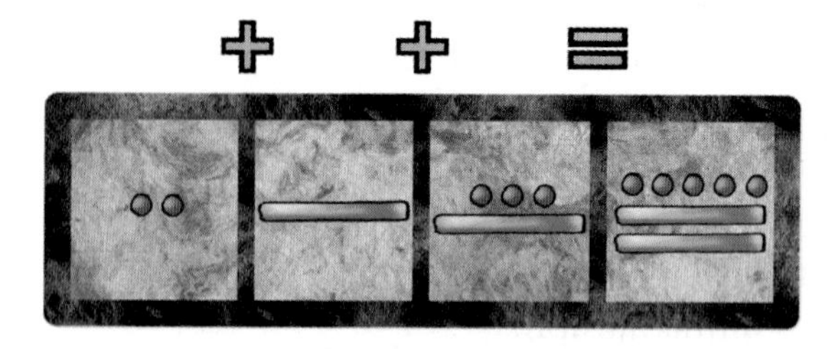

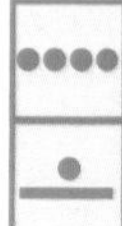

Ahora cambiamos las dos rayas por un punto en el nivel superior y en vez de los cinco puntos ponemos una raya, es decir,

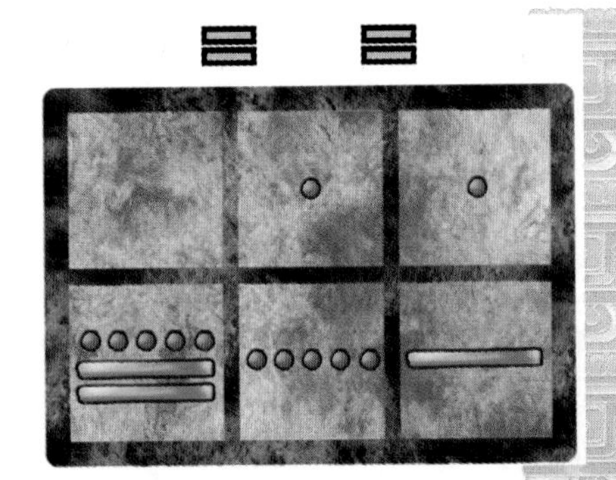

de manera que la suma mágica es:

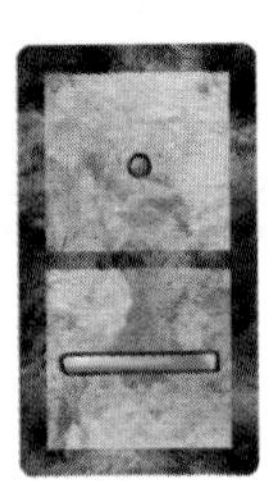

Para encontrar el número que falta en la última columna del cuadrado mágico, vemos que la suma de los dos números que tenemos es:

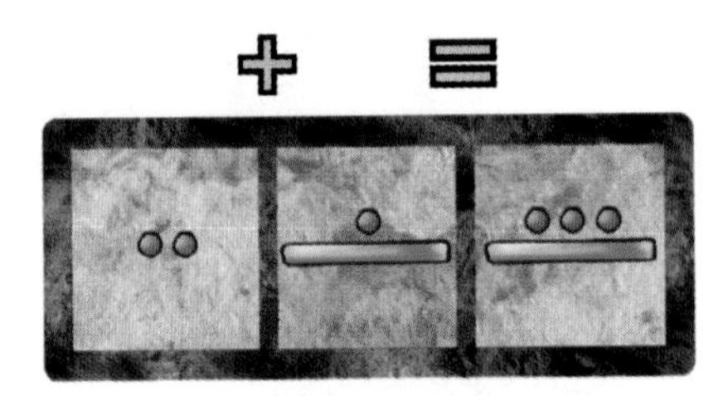

Como la suma debe ser 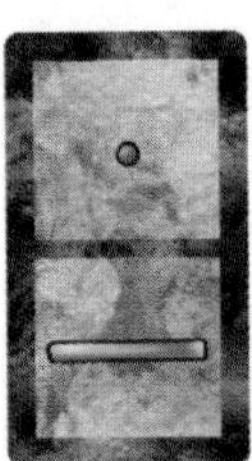 entonces hacemos la resta.

Como en el nivel de las unidades no podemos restar, bajamos el punto como dos rayas; después sustituimos una de las rayas por cinco puntos y realizamos la resta:

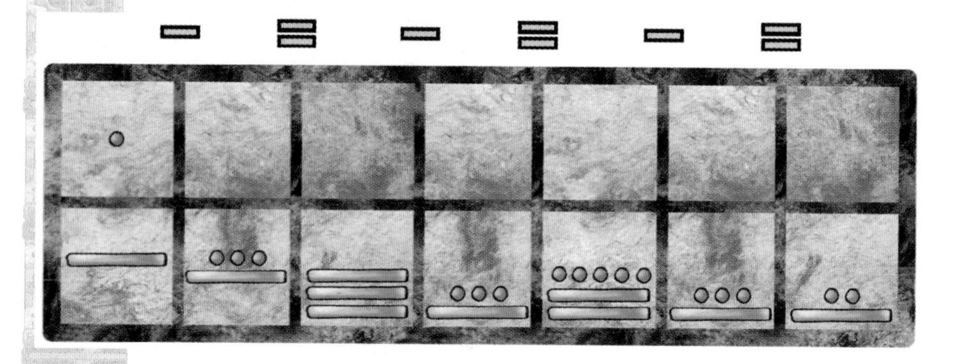

De manera que ya completamos la última columna.

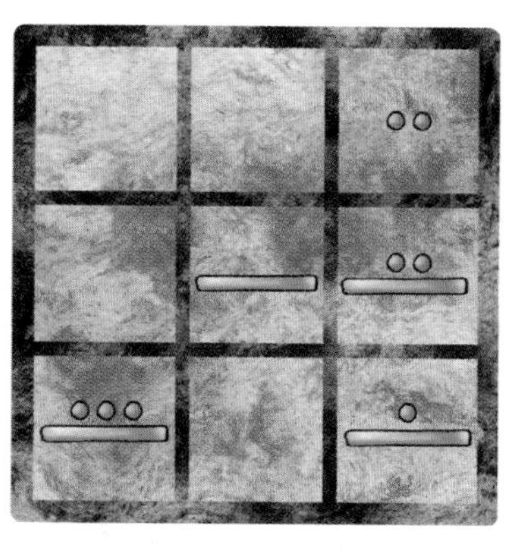

Ahora encuentra los números que faltan.

Completa los siguientes cuadrados mágicos:

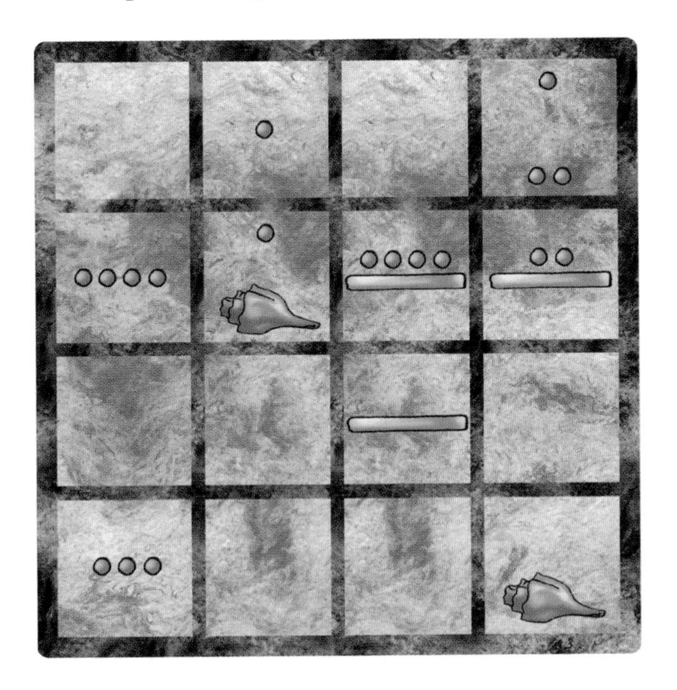

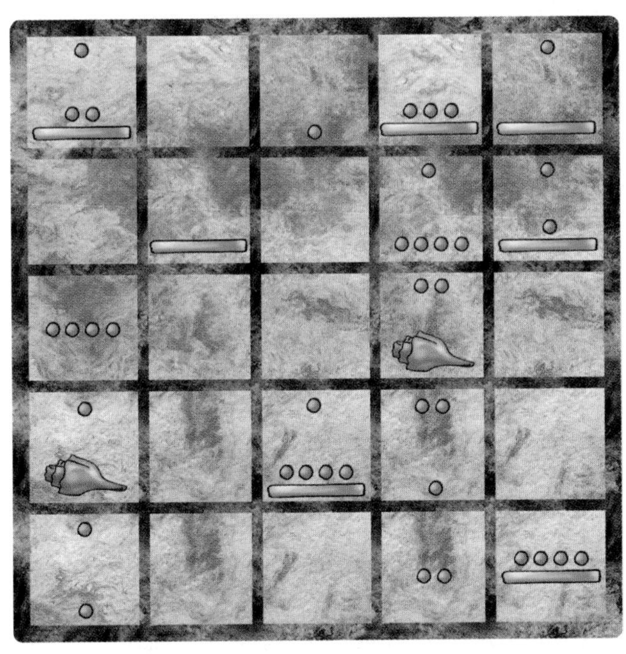

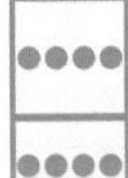

¿Sumando o multiplicando?

Tere va al mercado a comprar tres bolsas de mandarinas. Cada bolsa cuesta siete pesos. ¿Cuánto deberá pagar por las tres bolsas?

Solución:

Si sumamos

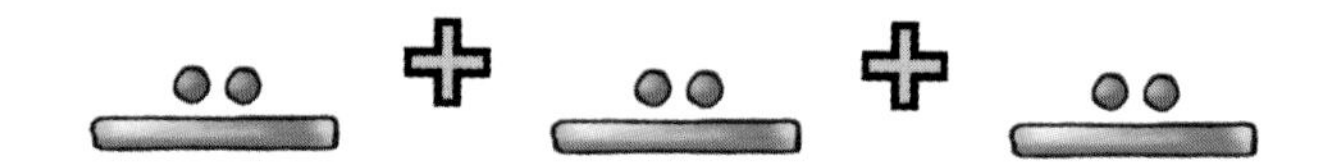

obtenemos:

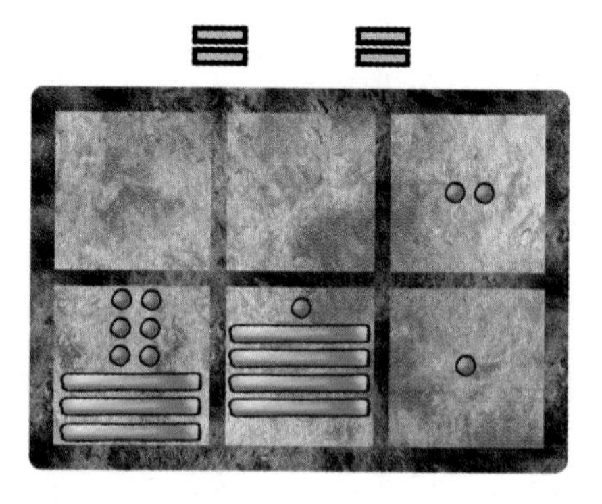

Ahora toma tu tablero y sigue los pasos:

Coloca los números fuera del tablero como se indica:

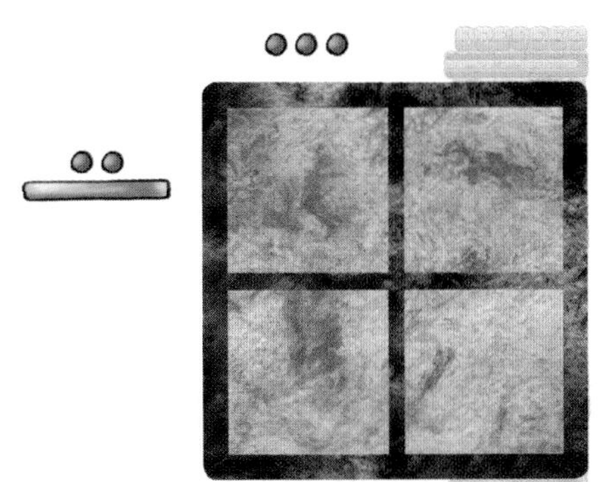

Copia la figura de la izquierda tantas veces como indica la figura de arriba y coloca la nueva figura como se indica:

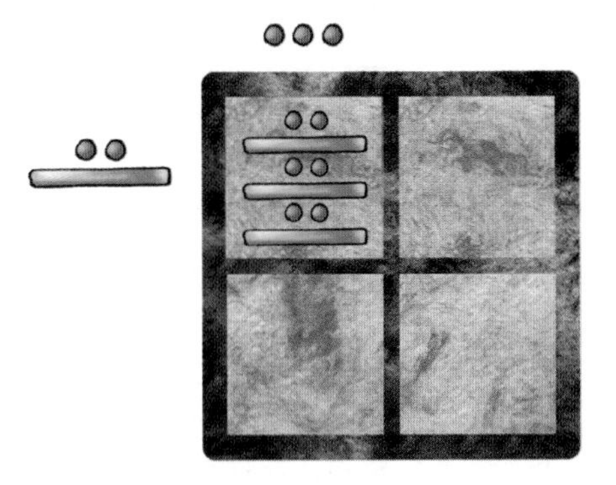

Ahora escribimos correctamente el número obtenido:

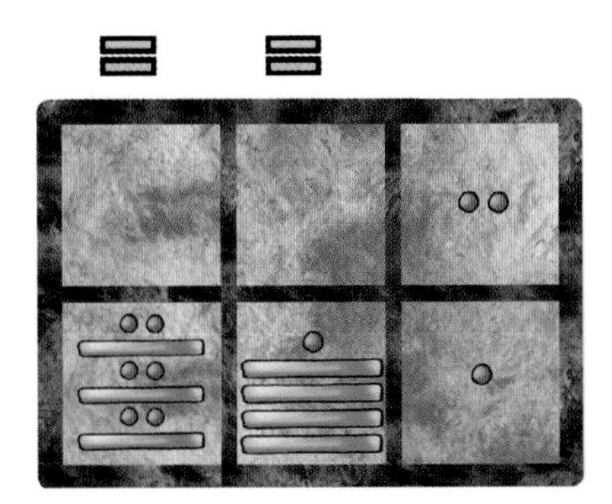

Como ves, los dos métodos nos dan el mismo resultado; en el segundo lo que hicimos fue una multiplicación.

Tere pagará 21 pesos por las tres bolsas.

Veamos otro ejemplo:

Copiamos la figura de arriba tantas veces como dice la figura de la izquierda, o bien, la de la izquierda tantas veces como dice la de arriba.

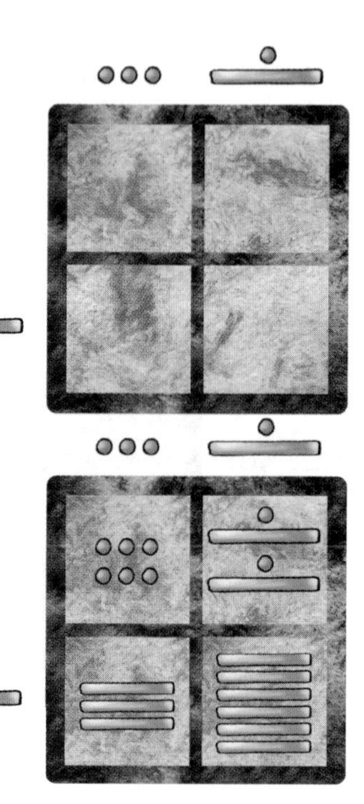

Para saber qué número obtuvimos debemos escribirlo de otra manera y para eso primero vamos a determinar los niveles.

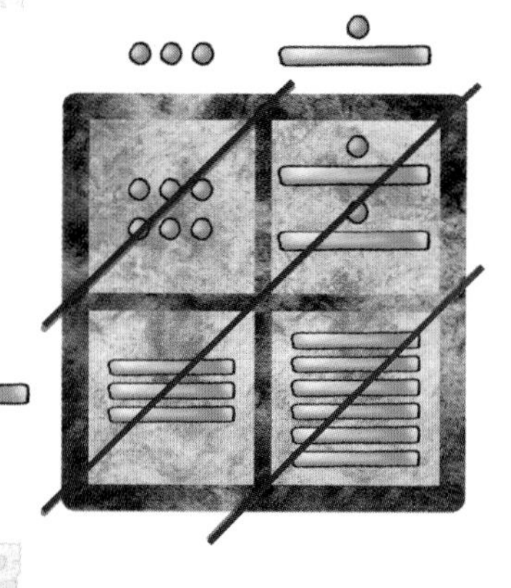

Los números que están sobre cada diagonal corresponden al mismo nivel. Ahora los escribimos verticalmente.

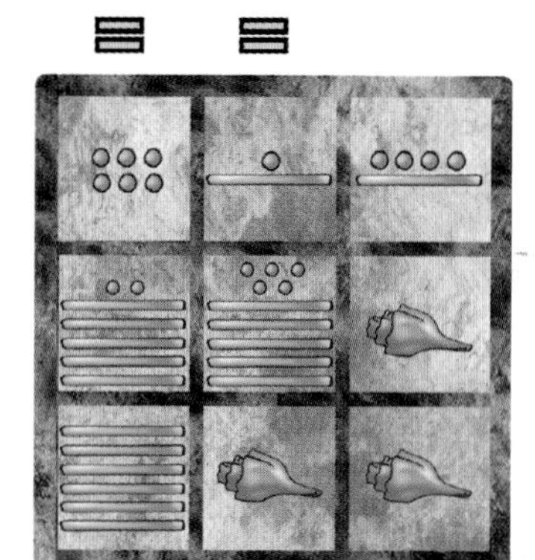

De donde concluimos que $25 \times 36 = 900$.

Aprende a multiplicar y a dividir

Así se multiplica:

Para multiplicar colocamos los números fuera del tablero, uno del lado izquierdo y otro arriba, horizontalmente.

Ejemplo:

Efectúa la multiplicación 13 × 21.

Colocamos los números de la forma indicada:

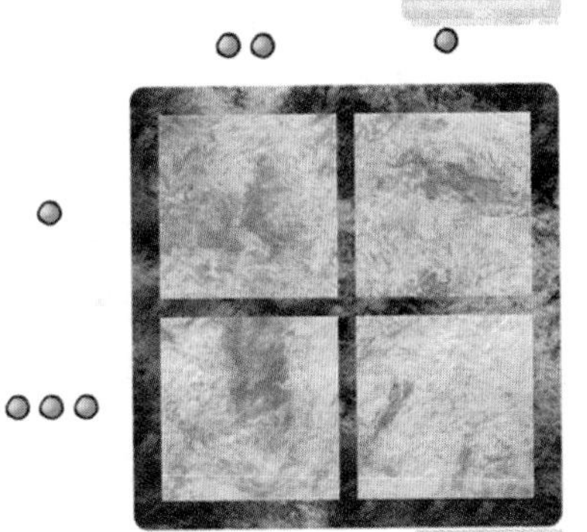

Ahora ponemos en cada casilla lo que observamos en la parte superior de la columna tantas veces como indica el número que se encuentra fuera del tablero y en el mismo renglón.

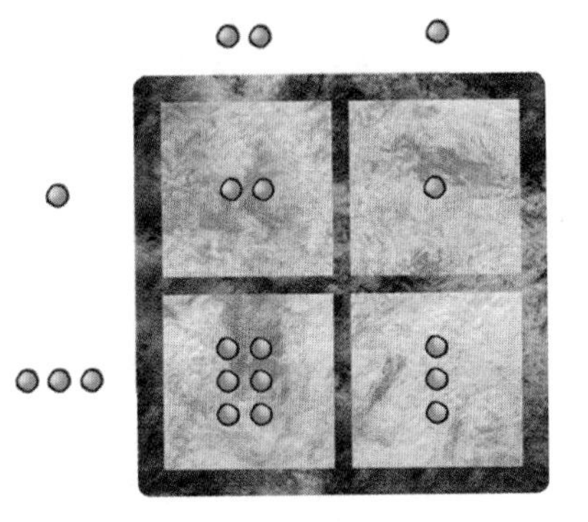

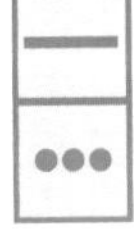

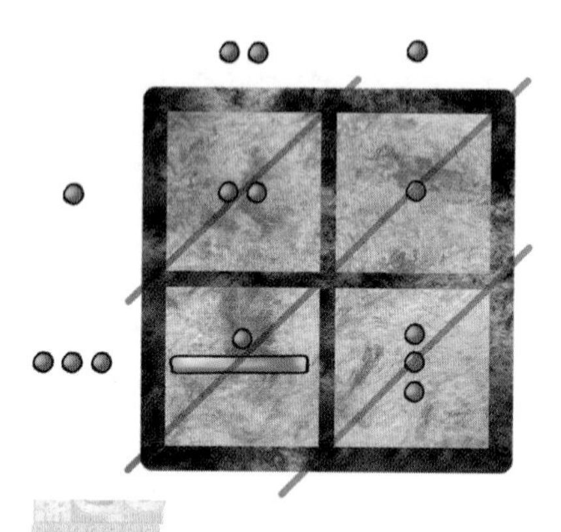

Cambiamos cinco puntos de la primera casilla del segundo renglón por una raya y nos fijamos en las diagonales del cuadrado, que serán los niveles del resultado.

Agrupamos los símbolos de cada nivel:

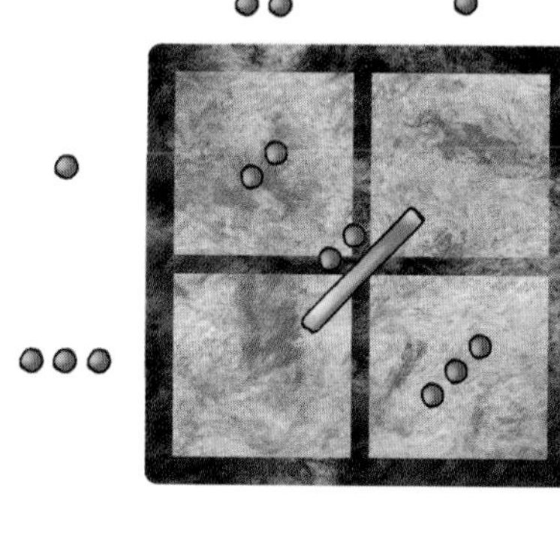

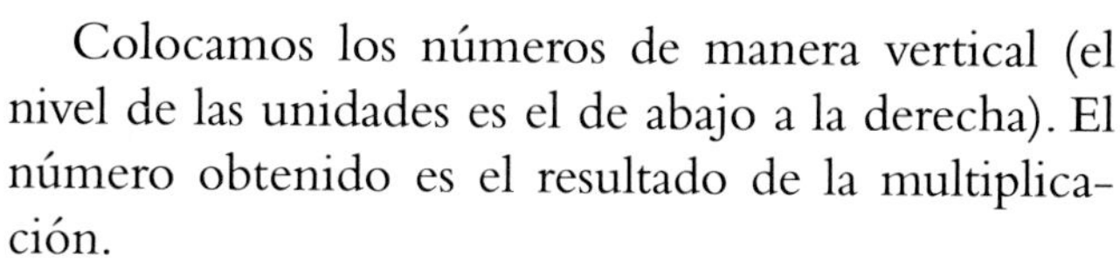

Colocamos los números de manera vertical (el nivel de las unidades es el de abajo a la derecha). El número obtenido es el resultado de la multiplicación.

Concluimos que $13 \times 21 = 273$.

Otro ejemplo:

En el poblado de Temoaya, en el Estado de México, se confeccionan tapetes cuyo diseño está inspirado en los huipiles bordados que usa la comunidad huave que habita en el istmo de Tehuantepec. Si un tapete mide 225 centímetros de largo y 150 centímetros de ancho, ¿cuál es el área que cubre el tapete en centímetros cuadrados?

Solución:

Efectuamos la operación:

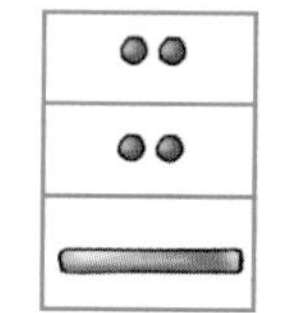

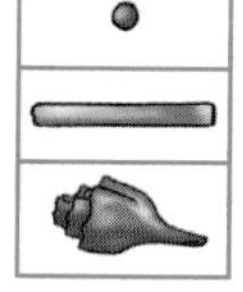

Colocamos los números fuera del tablero, como se indicó en el ejemplo anterior y ponemos lo que corresponde en cada casilla.

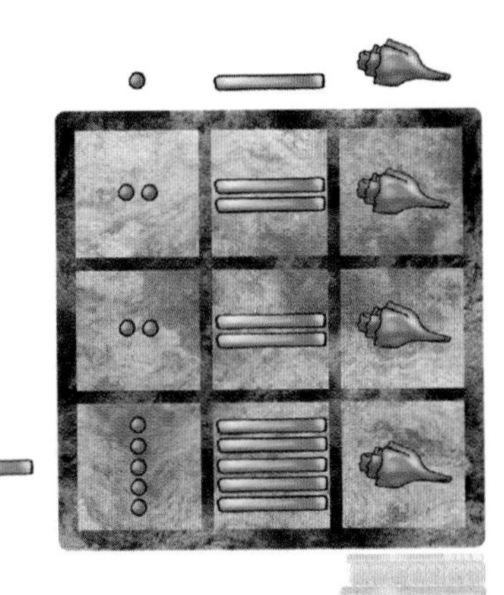

Ponemos las diagonales de manera imaginaria y reunimos lo que vemos en cada diagonal

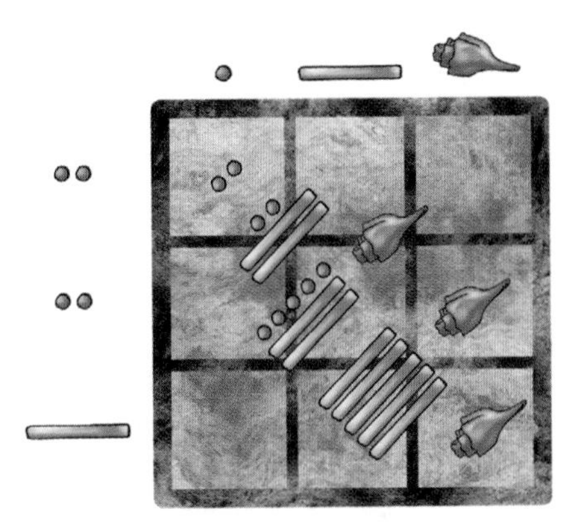

y escribimos de forma vertical lo que observamos por niveles.

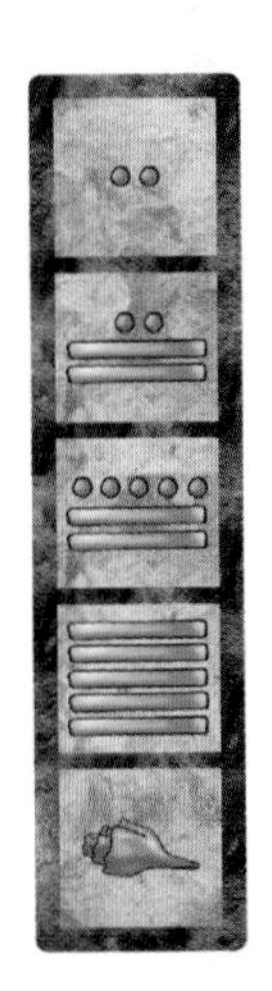

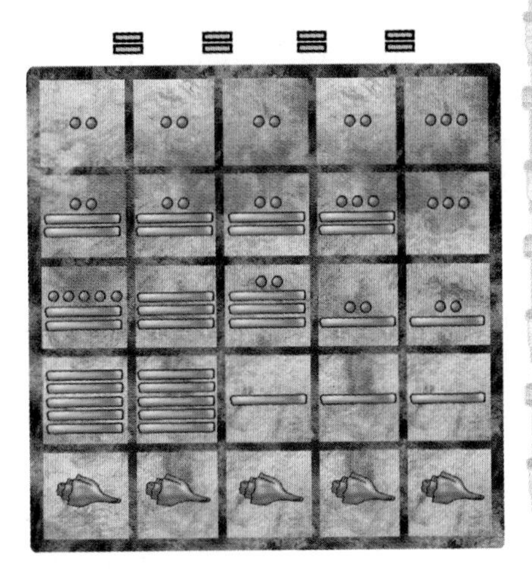

Por último, usamos las reglas para escribir correctamente.

El tapete cubre un área de 33 750 centímetros cuadrados.

Así se divide:

Pensaremos en la división como en el proceso inverso a la multiplicación.

Ejemplo:

Efectúa la división 165 ÷ 15.

Se trata de buscar un número tal que al multiplicarlo por 15 nos dé 165. Escribimos los números en la notación maya y los colocamos en el tablero. Recuerda que el número 165 es el resultado de la multiplicación de 15 por el número buscado, por eso lo colocamos en la diagonal del tablero.

Puesto que en la primera casilla debemos ver lo que se encuentra arriba tantas veces como indica lo que hay a la izquierda, la única posibilidad es poner un punto, con lo cual podemos también completar la primera casilla del segundo renglón y dejar en la segunda casilla del primer renglón lo que resta de esa diagonal.

Observemos que al poner un punto sobre la columna de la derecha se completa la operación.

Así 165 ÷ 15 = 11

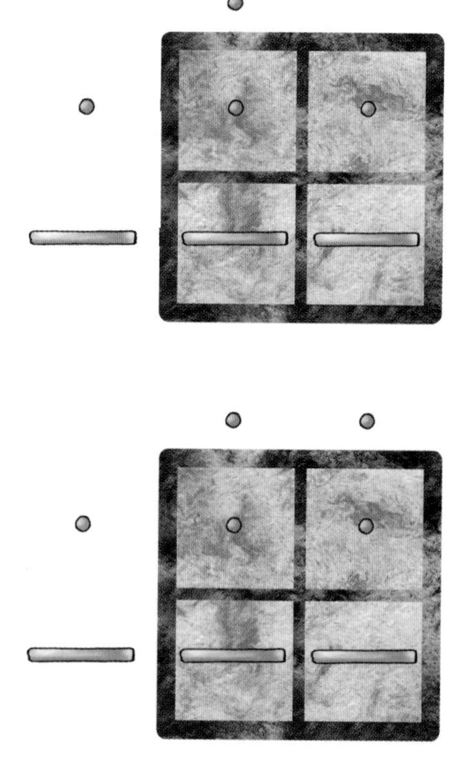

Otro ejemplo:

Un caballo puede vivir hasta 744 meses, ¿cuántos años puede vivir?

Solución:

Puesto que cada año tiene 12 meses, debemos efectuar la división 744 ÷ 12 para contestar la pregunta.

Colocamos los números en el tablero: 744 en la diagonal y 12 en la parte izquierda del tablero.

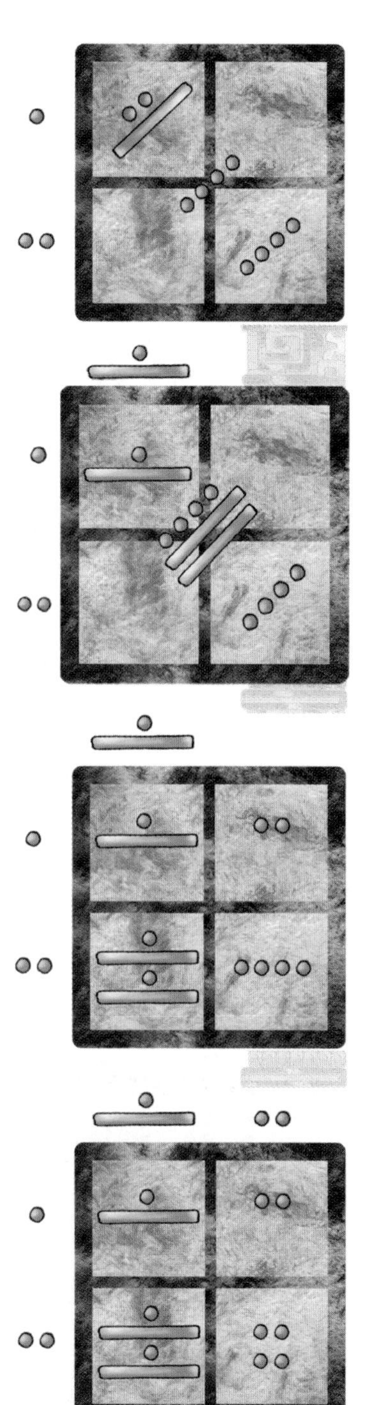

El en la primera casilla sugiere poner sobre la primera columna, sin embargo observamos que ésta no es una buena opción debido a que aun cuando pongamos todo lo que hay en la diagonal no es posible completar la primera casilla del segundo renglón, por eso intentamos con una unidad menos, lo que nos lleva a pasar una unidad de la primera casilla al nivel inferior (como dos rayas).

Dejamos en la primera casilla del segundo renglón lo que hace falta para completar la casilla y pasamos lo que queda a la segunda casilla del primer renglón.

La segunda columna se completa ahora de manera sencilla.

Así, un caballo puede vivir hasta 62 años.

Multiplicación

La base de un tabique para construcción mide 23 cm de largo y 14 cm de ancho. ¿Cuál es el área de la base?

Solución:

Para encontrar el área de la base del tabique, debes efectuar la multiplicación 14 × 23.

Usamos el tablero para escribir la operación:

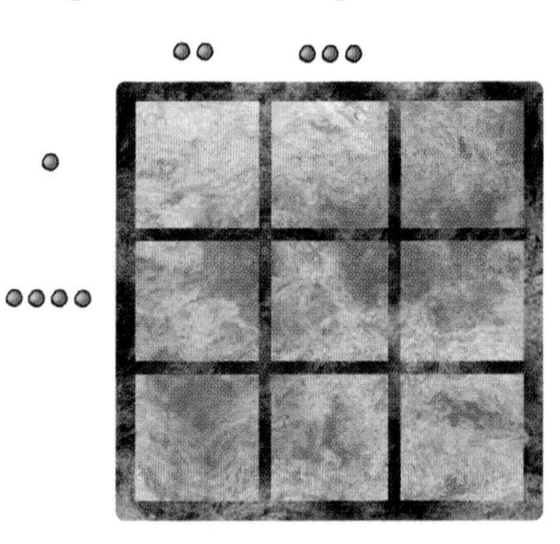

Colocamos en cada casilla lo que encontramos en la parte de arriba de la columna tantas veces como indica la parte izquierda del renglón:

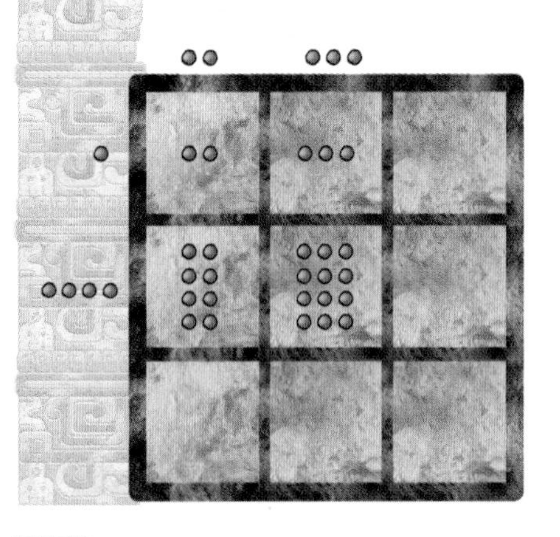

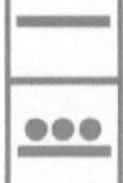

En las casillas inferiores ponemos una raya por cada cinco puntos y trazamos los niveles:

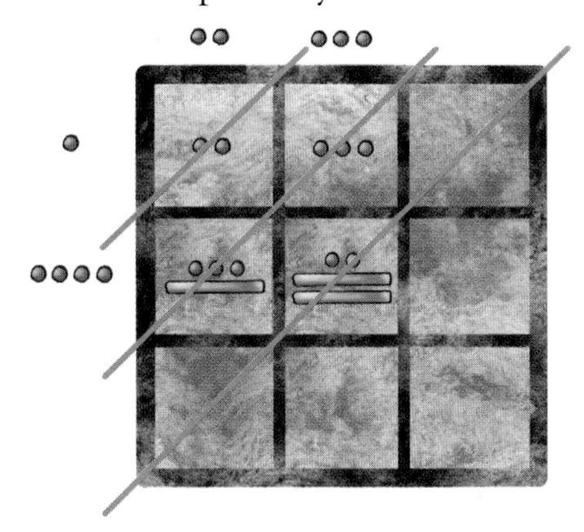

Escribimos el resultado en forma vertical y simplificamos:

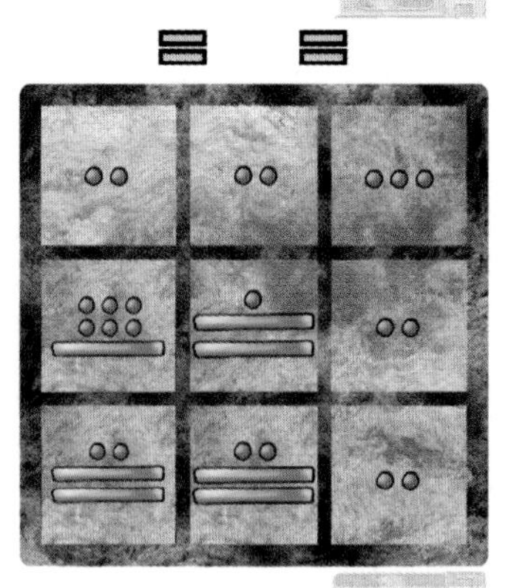

Por último leemos el resultado: el área del tabique mide 322 centímetros cuadrados.

Ejercicios:

- • Si en el ejemplo el tabique mide 7 cm de alto, ¿cuál será su volumen?
- • • ¿Cuántas horas tiene el mes de febrero si el año no es bisiesto?
- • • • Un cerdo puede vivir hasta 27 años, ¿cuántos meses puede vivir un cerdo?
- • • • • Un pez vela puede nadar a una velocidad de 109 km por hora, ¿cuántos metros puede recorrer en una hora?
- — Un caracol de jardín puede recorrer hasta 49 metros en una hora; suponiendo que no se detiene, ¿cuántos metros podría recorrer en 6 horas?

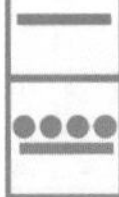

Tlatoani

La palabra *tlatoani* significa rey en náhuatl. Para saber el nombre del primer *tlatoani* haz las operaciones indicadas y después localiza los resultados en el laberinto. Escribe las letras de las casillas que recorres en el laberinto y obtendrás su nombre.

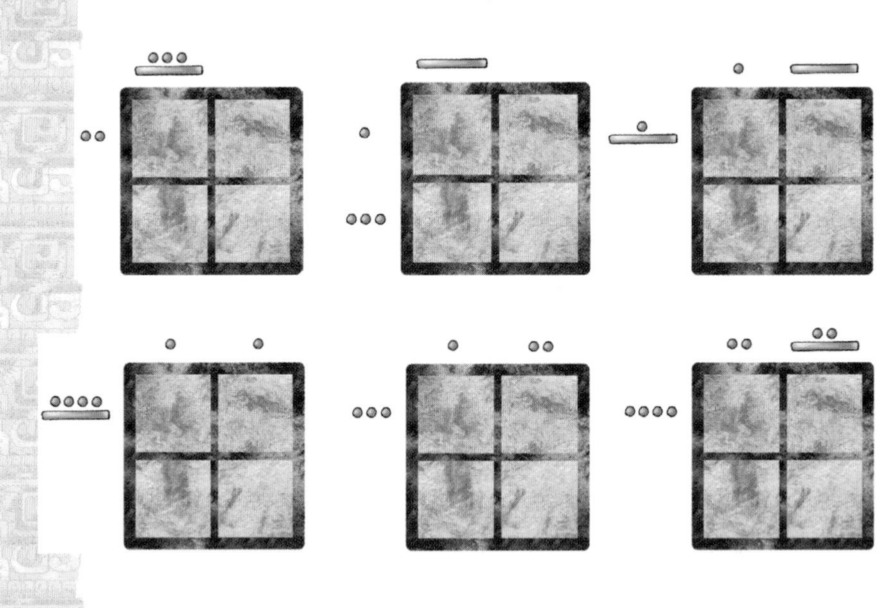

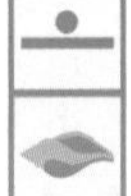

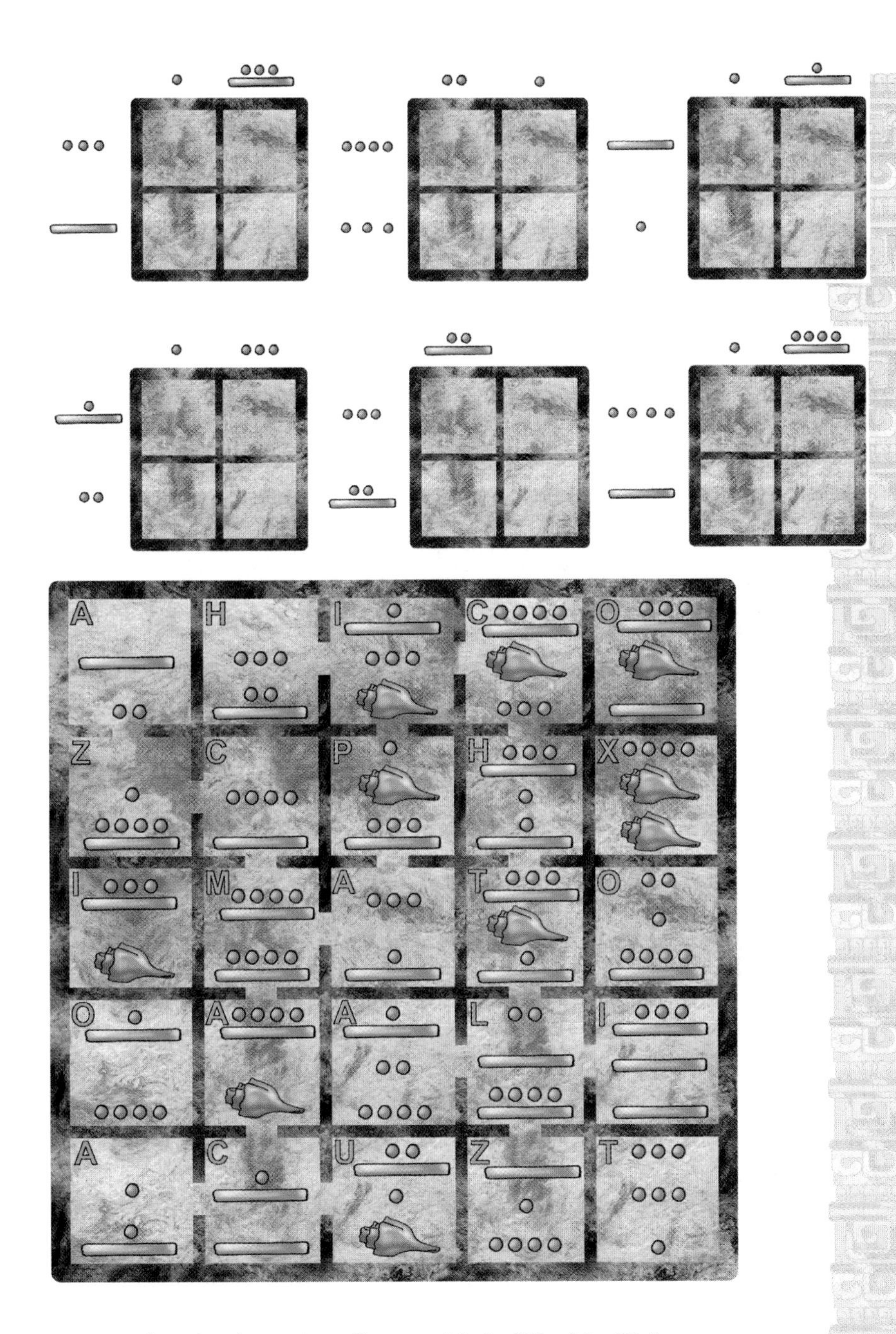

Los demás *tlatoanime* fueron Huitzilíhuitl, Chimalpopoca, Izcoátl, Moctezuma Ilhuicamina, Axayácatl, Tizoc Chalchiuhtlatona, Ahuízotl, Moctezuma Xocoyotzin, Cuitláhuac y Cuauhtémoc.

Patrones

Colocando los números en tu tablero, efectúa las operaciones siguientes:

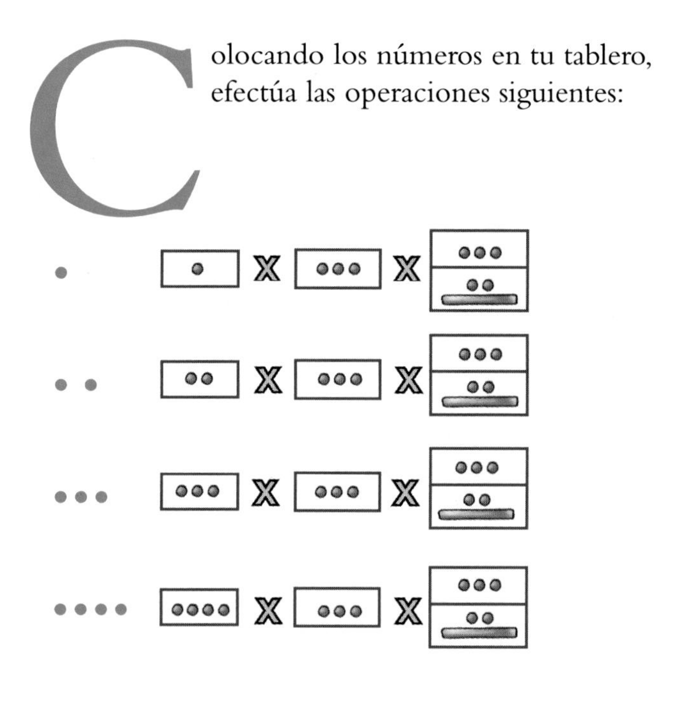

Observa los resultados obtenidos para contestar, sin hacer la operación, la pregunta siguiente:

¿Cuánto vale 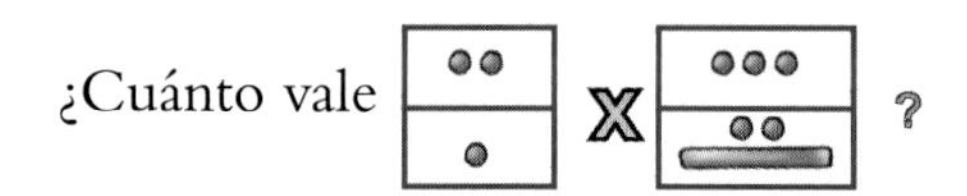

Solución:

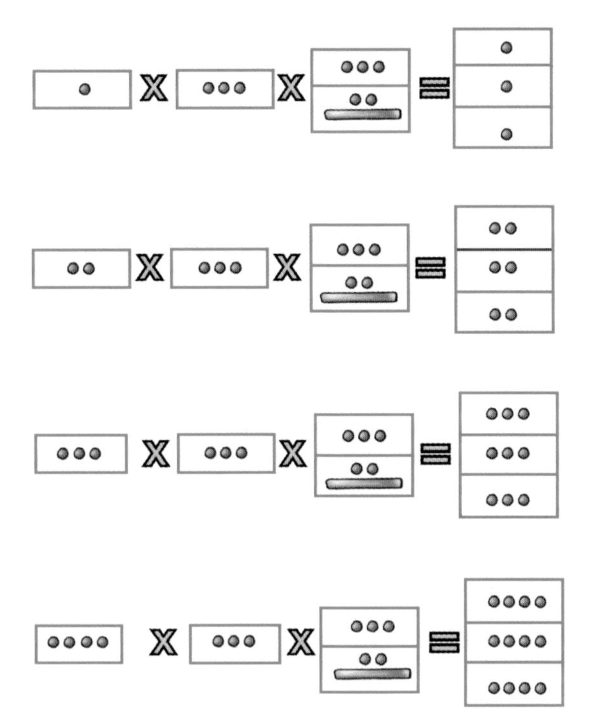

Entonces, puesto que

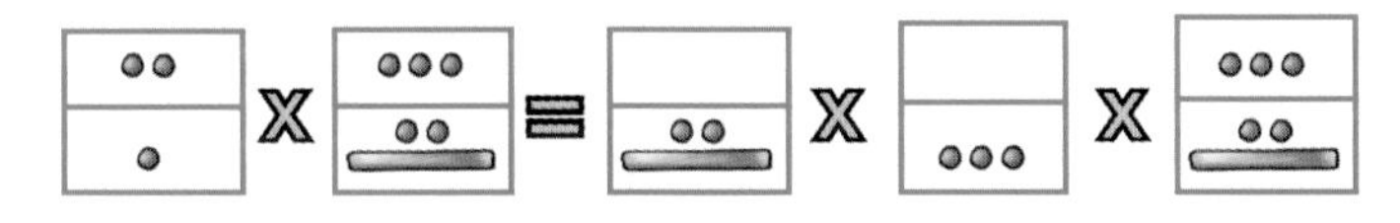

el resultado es 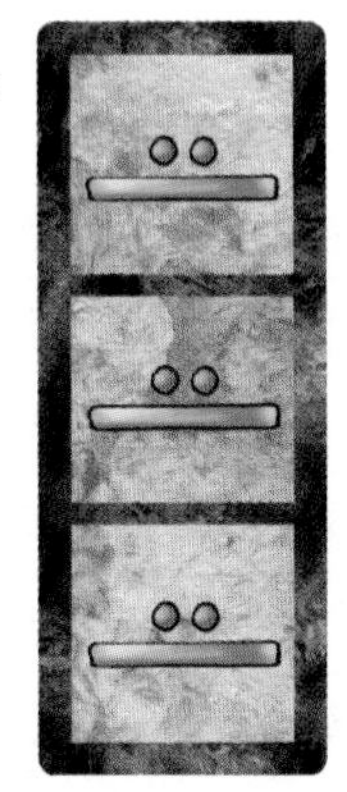

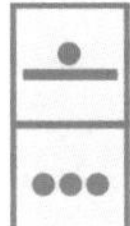

Aquí tienes otro para pensar:
Efectúa los productos:

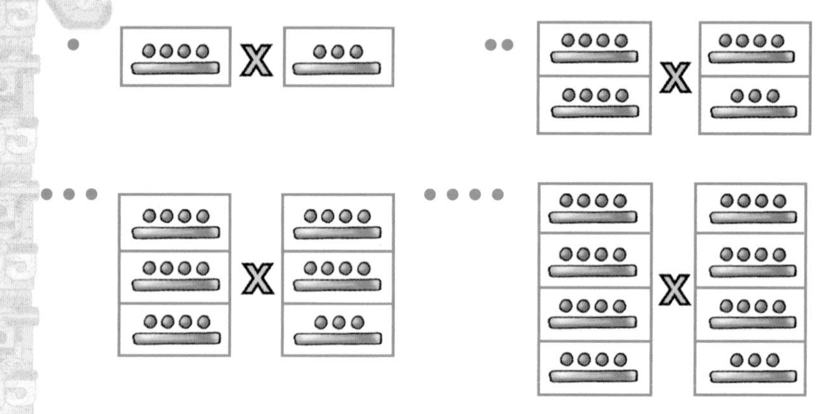

ahora contesta, sin hacer el producto, ¿cuánto vale

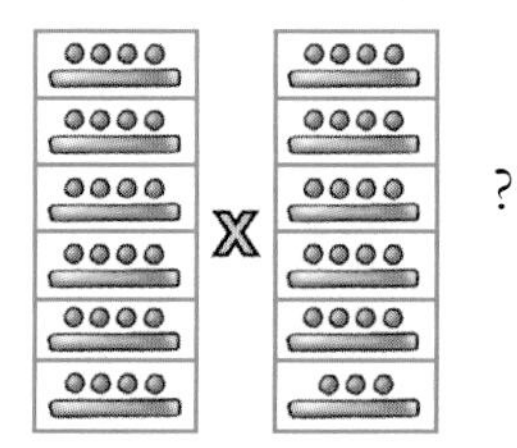 ?

Solución:

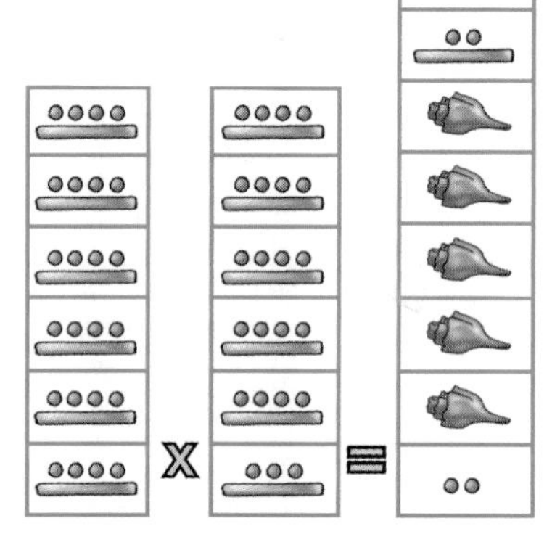

¿Quiénes son?

Observa la siguiente figura. Lo que está dibujado en la diagonal es el resultado del producto de los números que se encuentran a la izquierda y arriba. Acomoda los símbolos en las casillas para que la operación sea cierta y encuentra los valores de **x** y **y**.

x

y

x

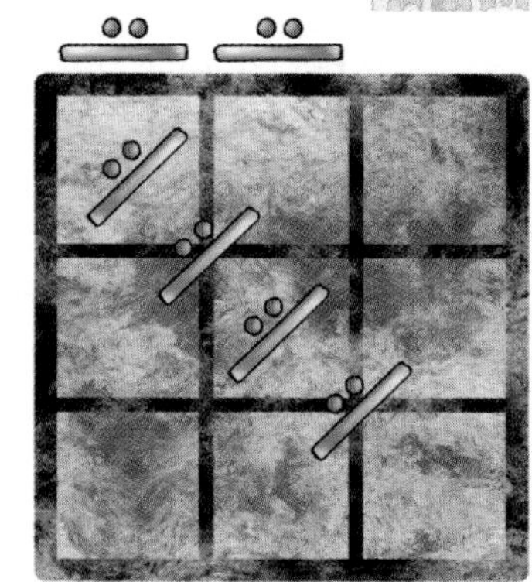

Solamente si lo intentas y no lo logras o si quieres comparar tu resultado, lee la siguiente...

Solución:

Puesto que en la primera casilla hay un , entonces **x** debe ser igual a y en el tablero tenemos

y

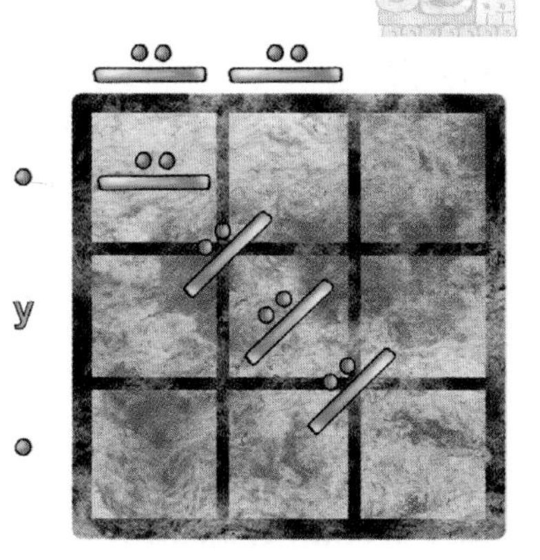

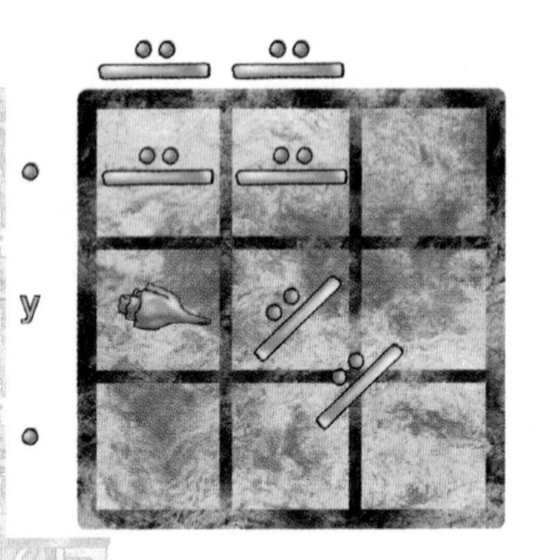

Para que en la segunda casilla del primer renglón se complete la operación, el que aparece en la diagonal debe quedar en dicha casilla, lo que obliga a poner un en la primera casilla del segundo renglón, como se ilustra en el tablero:

Para que el tercer renglón sea correcto, en la primera casilla del tercer renglón deberá haber un , por lo tanto el deberá quedar en la primera casilla del tercer renglón y se coloca el último de la diagonal en la segunda casilla del tercer renglón, lo anterior obliga a poner un en la segunda casilla del segundo renglón, de modo que **y** tiene que ser . Finalmente se muestra en la figura el acomodo que hace correcta la operación.

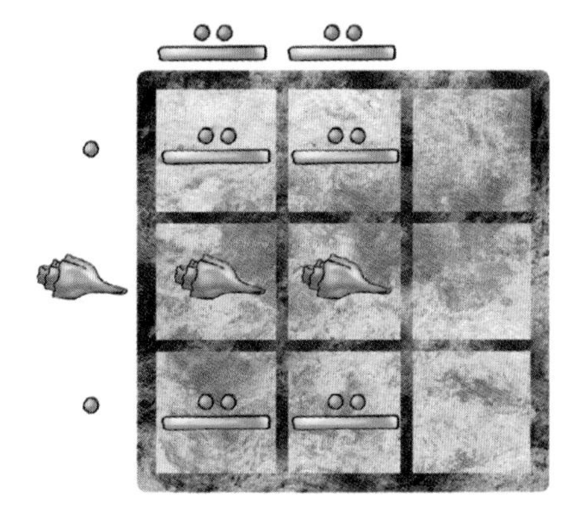

Así, **x**= y **y**=

Ahora, en el siguiente arreglo, acomoda los símbolos en las casillas para que la operación sea cierta y encuentra los valores de **x**, **y** y **z**.

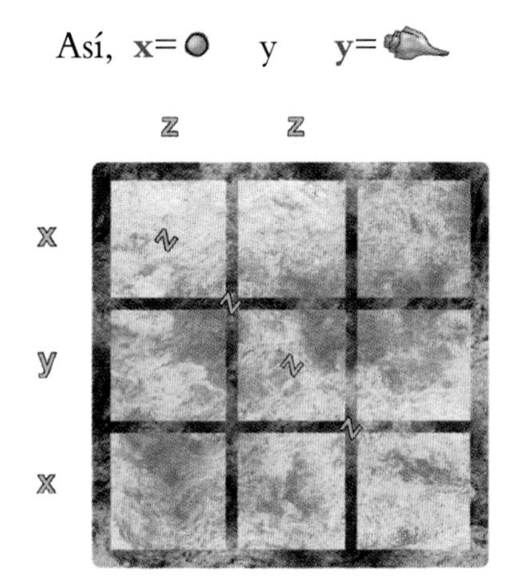

Solución:

x = , **y** = y **z** es cualquier número entre y .

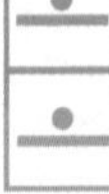

Horizontales y verticales

Llena los espacios vacíos con el número que corresponda para que tanto vertical como horizontalmente las sumas sean correctas.

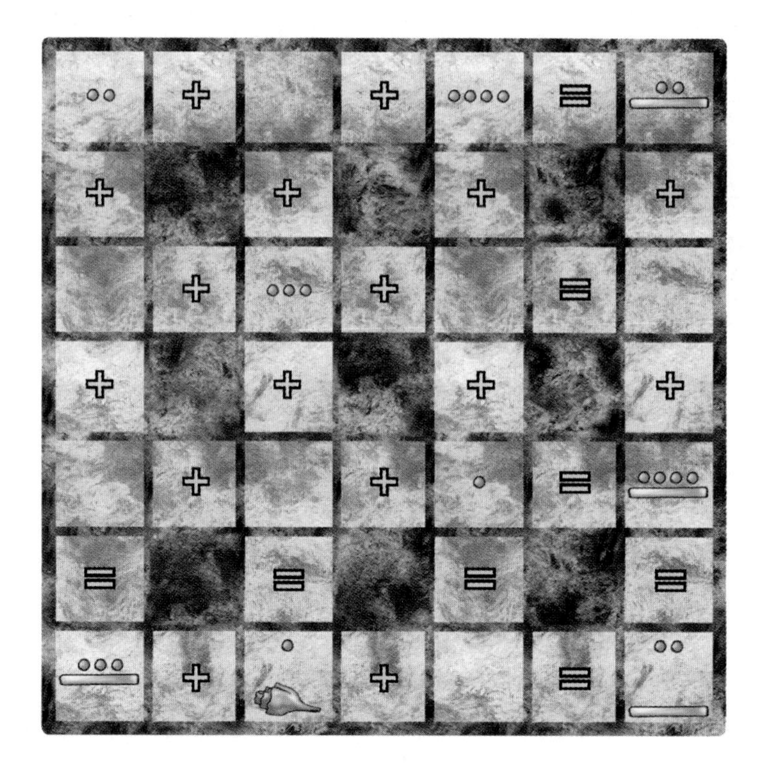

De la misma manera que antes, ahora llena los espacios con restas.

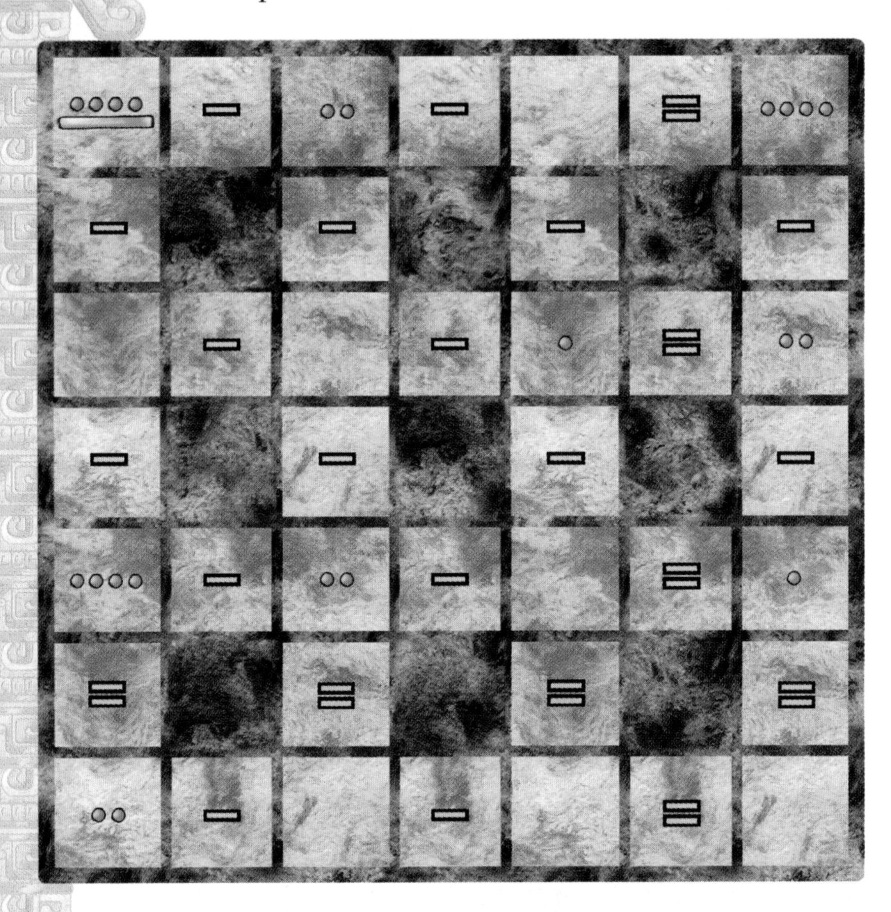

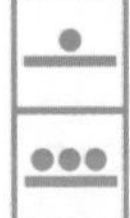

Escribe en cada una de las casillas el signo de la operación

que corresponda, de tal manera que las operaciones sean correctas tanto horizontal como verticalmente.

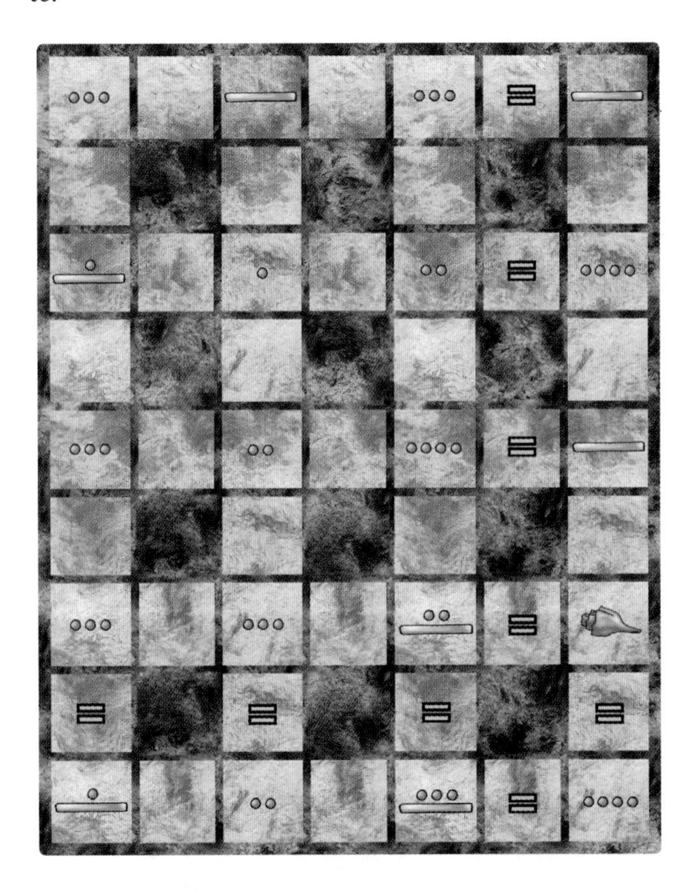

Por ejemplo:

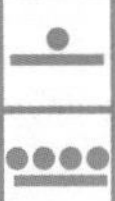

Soluciones:

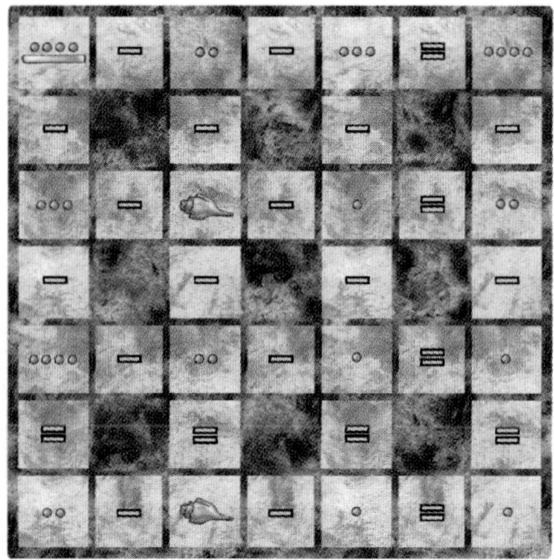

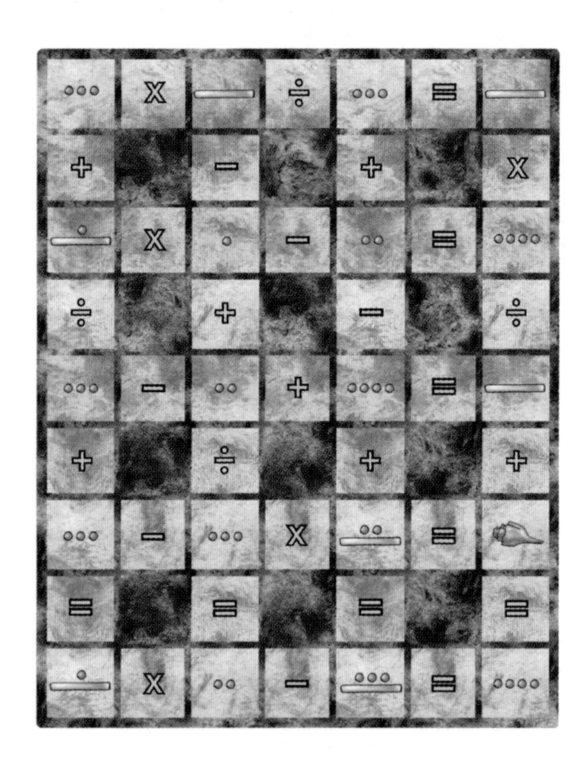

Mágico

Resuelve el siguiente crucigrama. Primero haz las operaciones en tu tablero y luego escribe el resultado usando una casilla para cada cifra.

Horizontales:

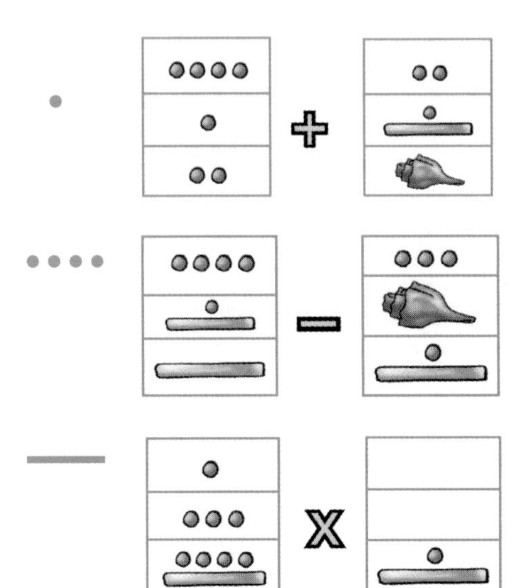

Verticales:

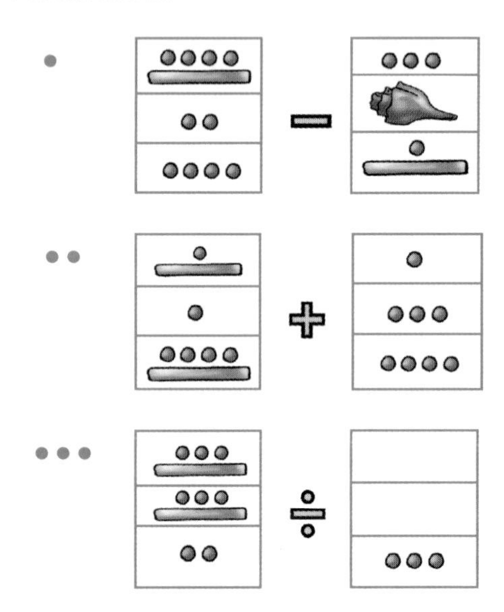

Ahora suma los dígitos de cualquier renglón o de cualquier columna y observa lo que se obtiene.

Solución:

El cuadrado es mágico y la suma de cualquier renglón y de cualquier columna es 15.

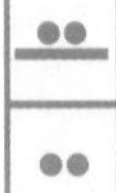

División

Hoy es mi cumpleaños y te aseguro que he vivido 588 meses. ¿Sabes cuántos años cumplo?

Usa tu tablero para seguir paso a paso el procedimiento.

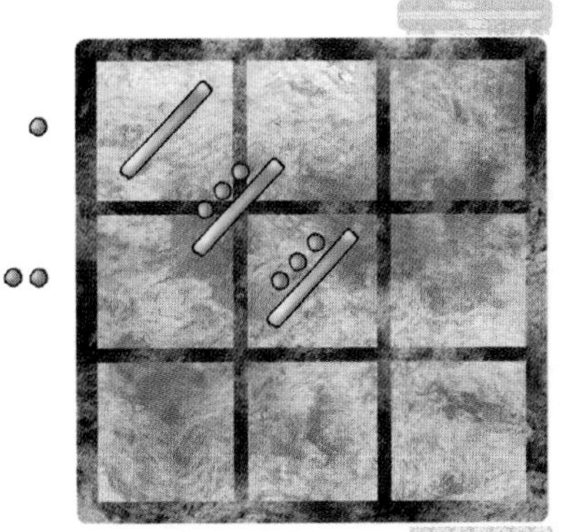

Solución:

Puesto que cada año tiene doce meses, debemos efectuar la división 588 ÷12.

Colocamos los números en el tablero:

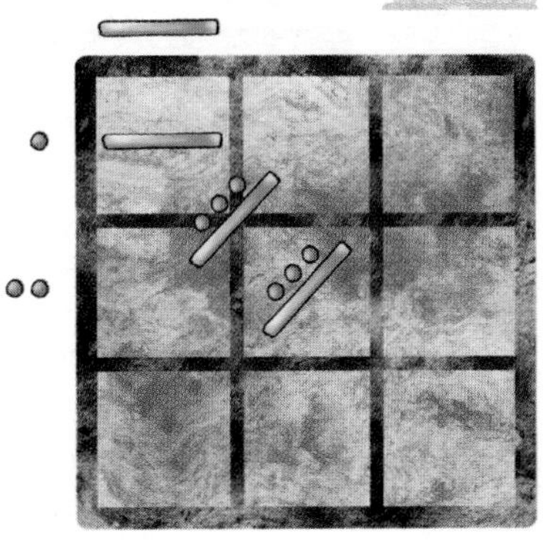

Como en la división normal, iniciamos mediante tanteo; por ejemplo, la raya en la primera casilla sugiere poner ▬.

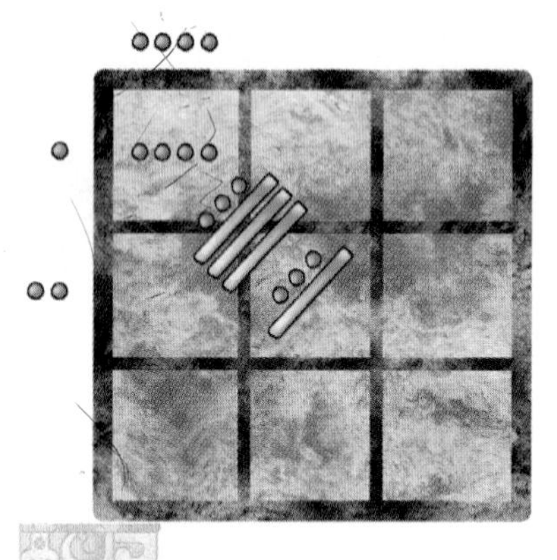

En cuyo caso la primera casilla queda bien, pero en el segundo nivel tenemos sólo una raya y tres puntos y para completar la primera casilla del segundo renglón necesitaríamos dos rayas y no las tenemos. Por eso ponemos una unidad menor, ●●●●, quitamos el punto sobrante y ponemos dos rayas en el nivel de abajo.

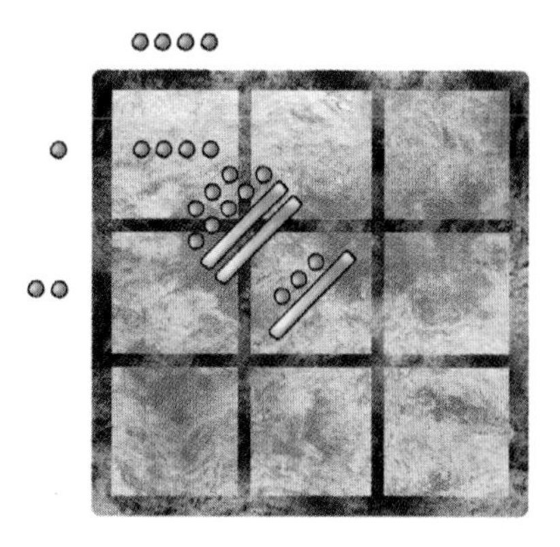

Para completar la primera casilla del segundo renglón tomamos una de las rayas y la convertimos en cinco puntos.

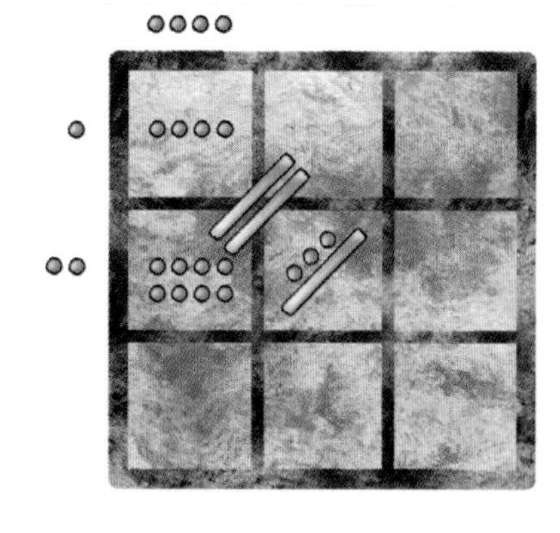

Colocamos los ocho puntos en la primera casilla del segundo renglón, de esta manera tenemos en dicha casilla la figura de arriba dos veces (es importante ver las figuras):

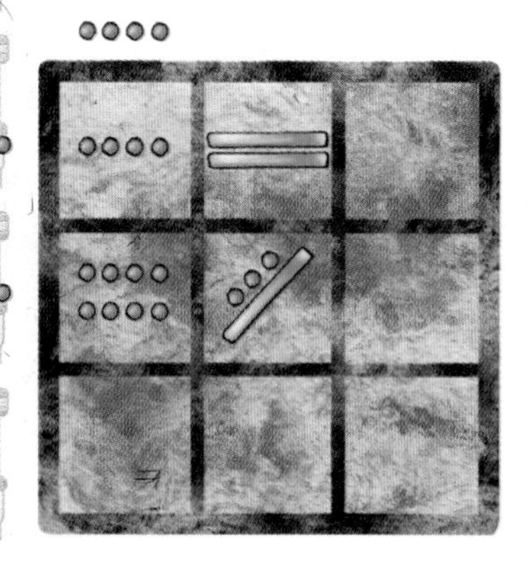

y pasamos las dos rayas restantes a la segunda casilla del primer renglón.

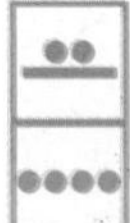

Nuevamente por tanteo vemos que lo que está en la segunda casilla del primer renglón sugiere poner dos rayas arriba, pero como nuestro sistema es decimal, eso no es correcto, de modo que intentamos con una unidad menos convirtiendo una raya en cinco puntos, quitando el punto restante, y poniendo dos rayas en el nivel inferior.

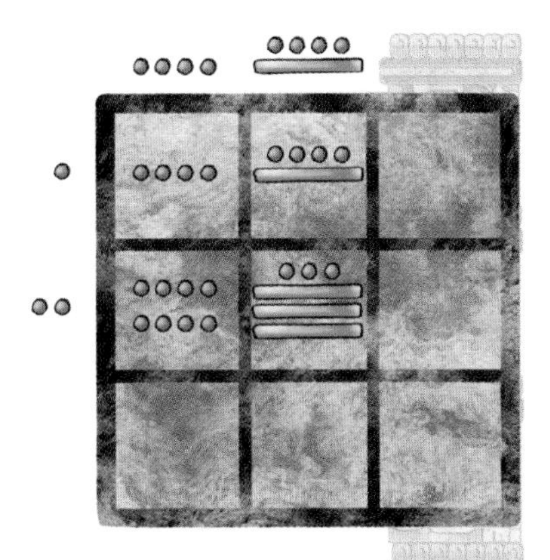

Cambiando una raya por puntos en la segunda casilla del segundo renglón y agrupando en grupos de nueve, observamos que la operación ha concluido.

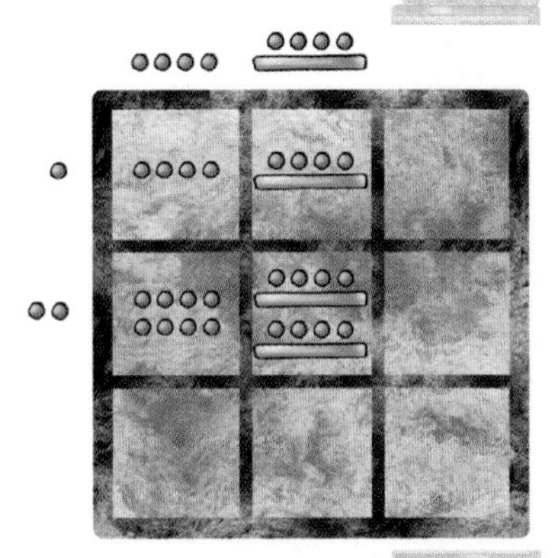

El resultado de la división aparece fuera del tablero en la parte superior, que se escribe en forma vertical como:

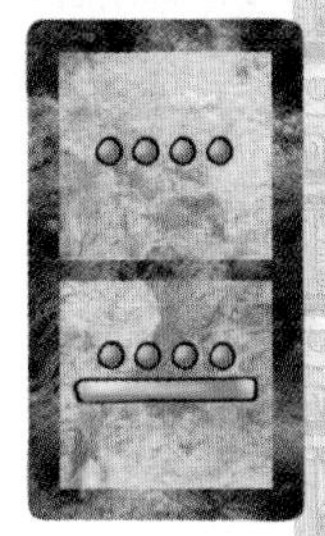

Del resultado se concluye que tengo 49 años.

Al efectuar una división, el número que se coloca dentro del tablero se llama dividendo, el que se coloca fuera de él, es decir el número entre el cual dividimos, se llama divisor. El resultado de la división se llama cociente.

Ejemplos:

- Efectúa la división:

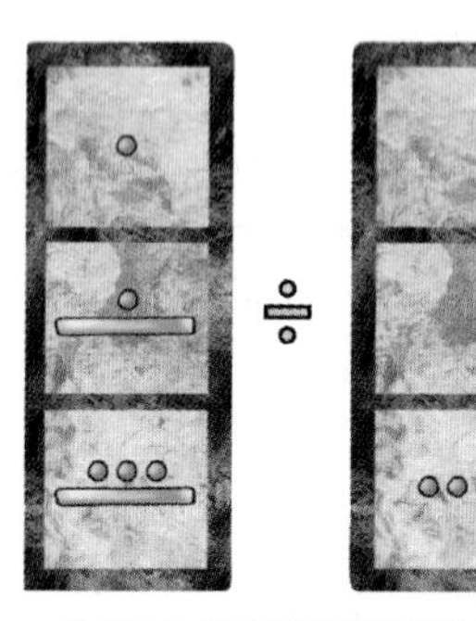

Colocamos los números en el tablero.:

Como el número que está fuera del tablero sólo tiene unidades, entonces en cada nivel colocamos los números en la casilla de arriba.

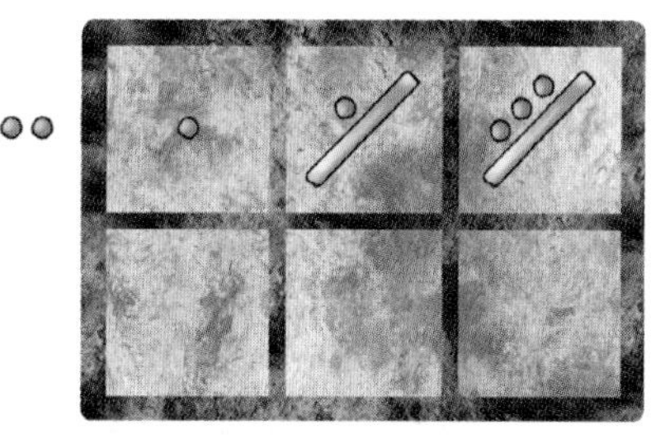

En la primera casilla hay un solo punto, entonces arriba debemos colocar un ,

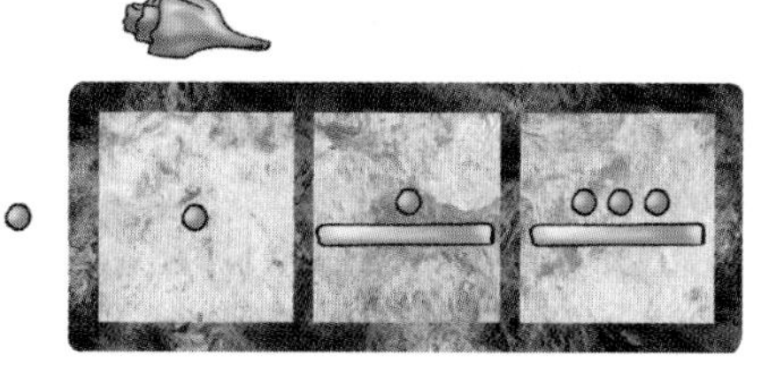

quitar el punto y poner dos rayas en el nivel inferior.

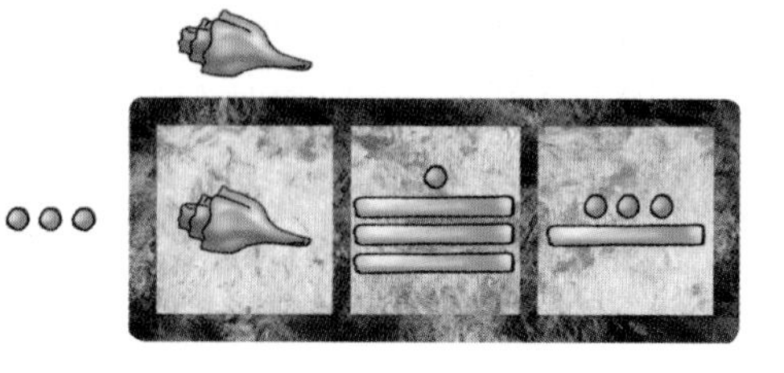

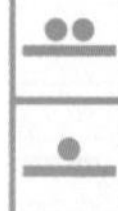

Colocamos sobre la segunda columna una raya y nos sobra un punto.

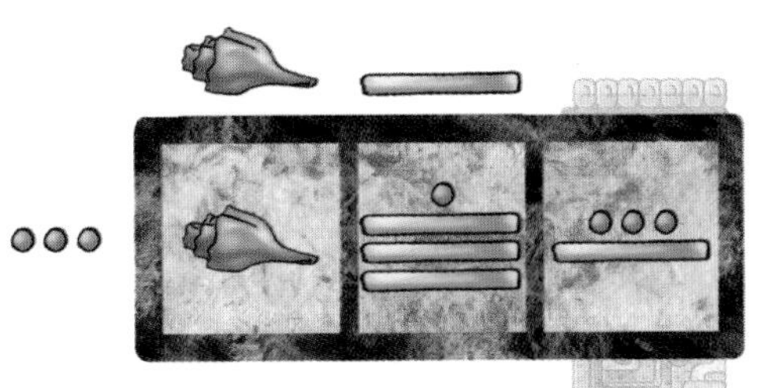

Quitamos el punto que sobra y ponemos dos rayas en nivel inferior.

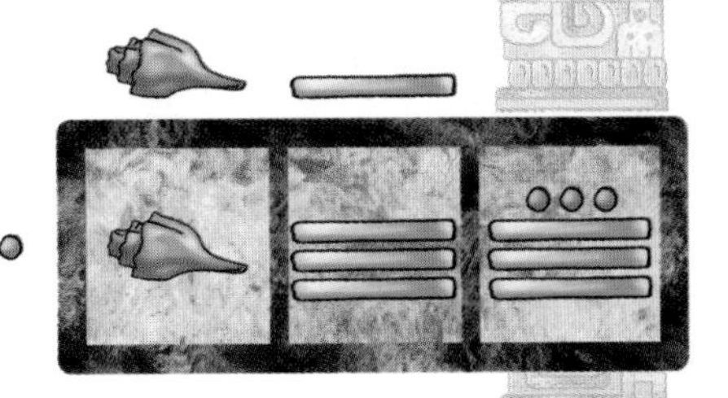

Ponemos lo que hay en la última casilla de manera que queden tres figuras iguales:

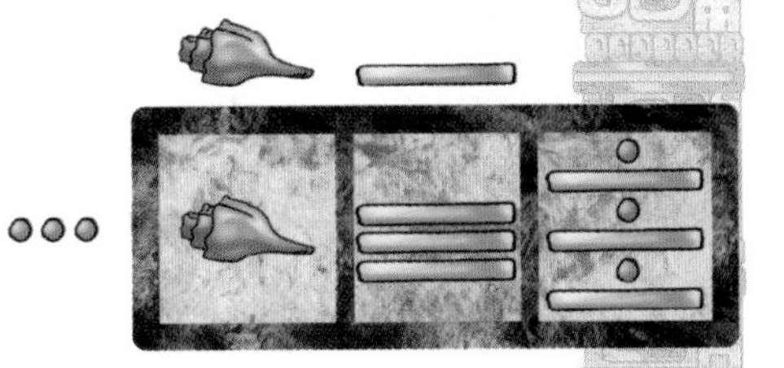

y arriba colocamos un [raya con un punto] con lo que la operación queda completa.

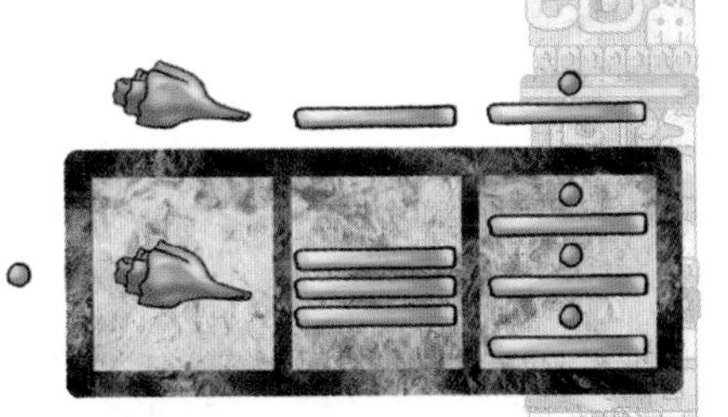

El resultado de la división aparece fuera del tablero, en la parte superior, y se escribe de esta manera en forma vertical.

Así, 168 ÷ 3 = 56.

●● Efectúa la división:

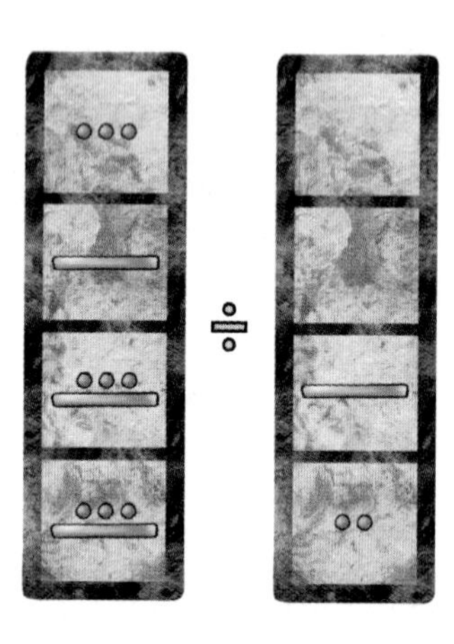

Colocamos los números en el tablero:

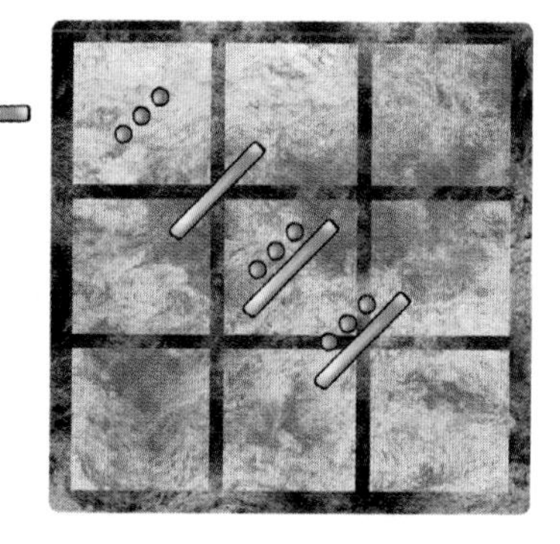

En este caso las unidades del número que está dentro del tablero quedan a una altura por debajo de las unidades del que está fuera, entonces subimos el ≡ de las unidades, de manera que sin cambiar de nivel quede a la altura del ●● del divisor.

Como en la primera casilla hay tres puntos, observamos que no hay ninguna figura que al reproducirla cinco veces dé tres puntos o algo menor, entonces arriba debemos colocar un 🐚, quitar los tres puntos y poner seis rayas en el nivel inferior.

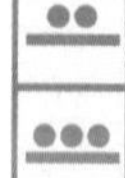

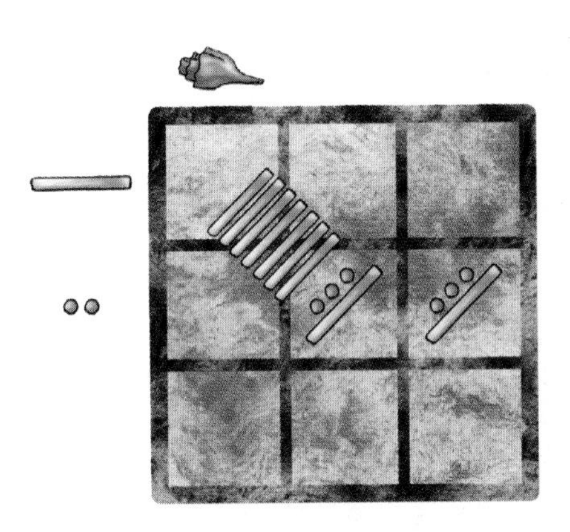

Una vez colocado el 🐚, observamos que en la primera casilla, tanto del primero como del segundo renglón, debemos colocar también un 🐚.

Colocamos las siete rayas, correspondientes a las centenas en la segunda casilla del primer renglón.

De las siete rayas convertimos dos en puntos:

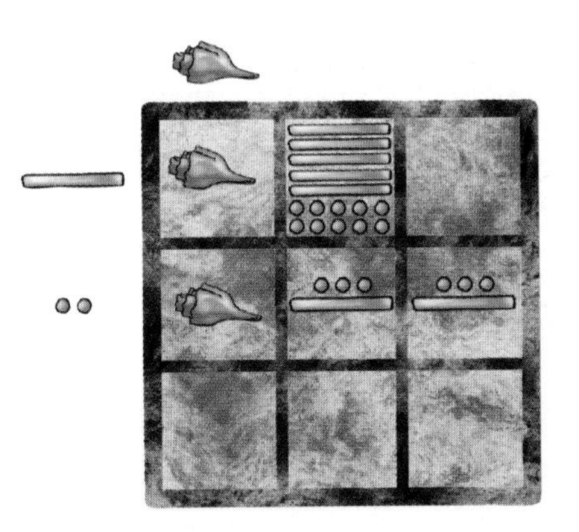

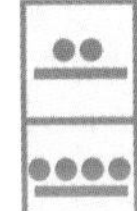

para formar cinco grupos o figuras iguales.

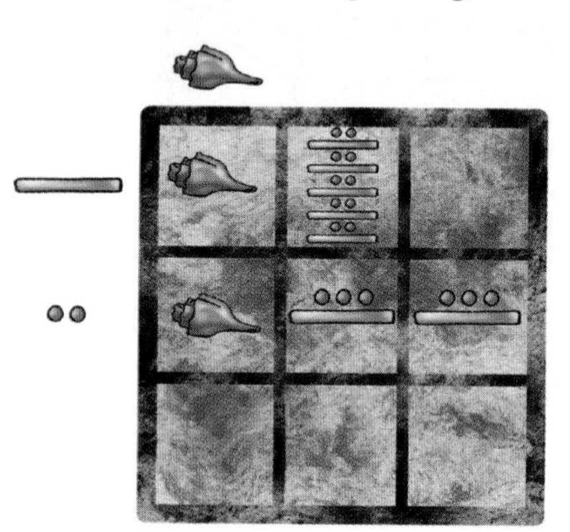

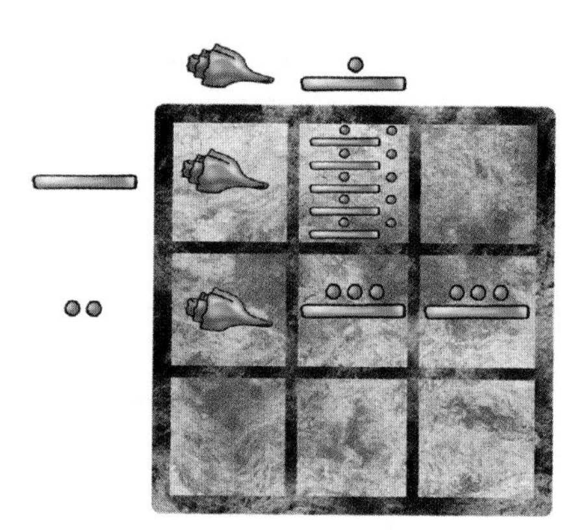

Lo anterior sugiere poner sobre la segunda columna un , sin embargo puesto que en la segunda casilla del segundo renglón no podemos formar dos , entonces colocamos .

Quitamos los cinco puntos que sobran y ponemos diez rayas en el nivel inferior.

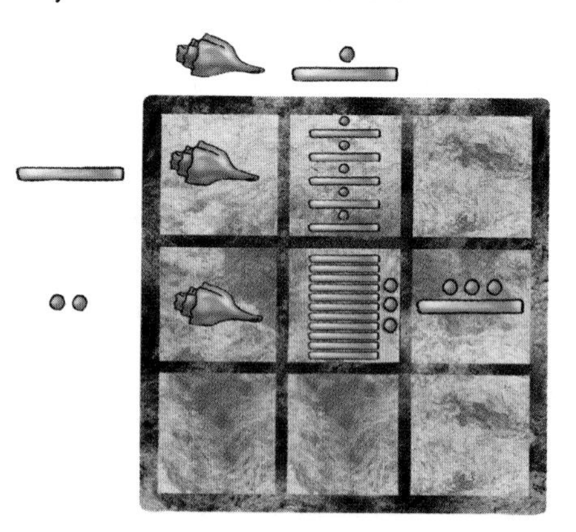

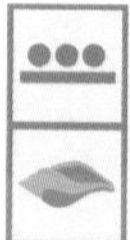

En la segunda casilla del segundo renglón deben quedar dos [Mayan numeral], el resto pasa a la tercera casilla del primer renglón; observa que no han cambiado de nivel.

De las nueve rayas dejamos cinco y convertimos cuatro en puntos, para formar cinco grupos iguales.

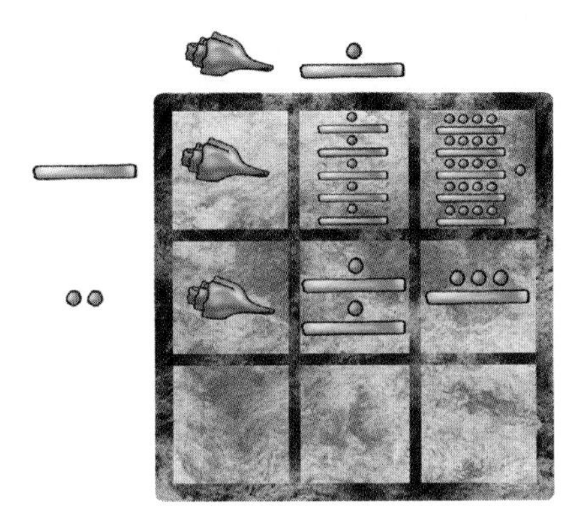

Lo anterior sugiere poner un [Mayan numeral] sobre la tercera columna y el punto que sobra quitarlo, poniendo dos rayas en el nivel inferior.

Cambiamos una raya de la tercera casilla del segundo renglón por cinco puntos y formamos dos grupos o figuras iguales.

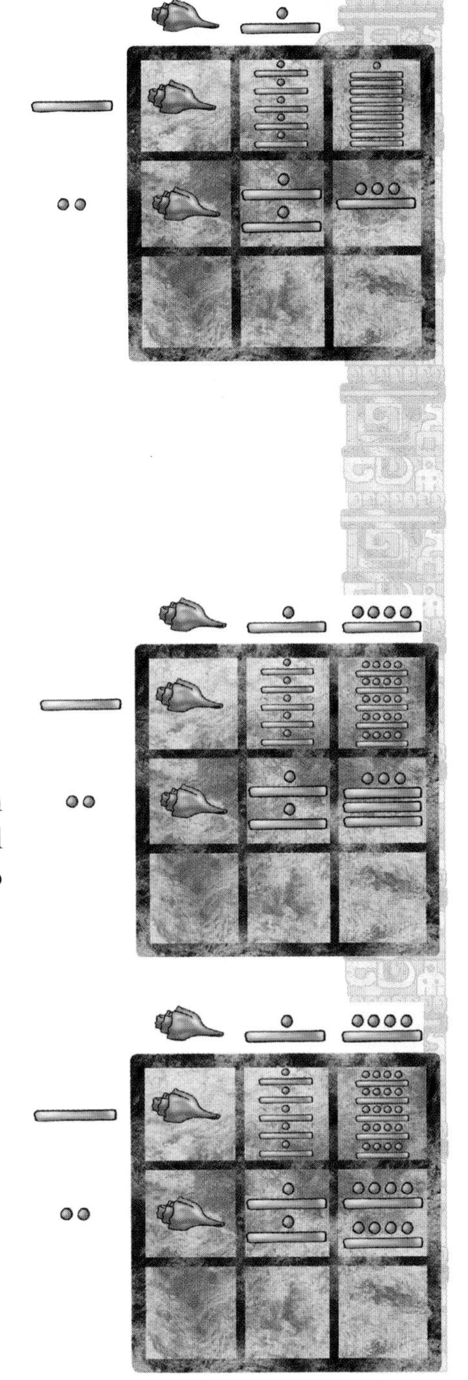

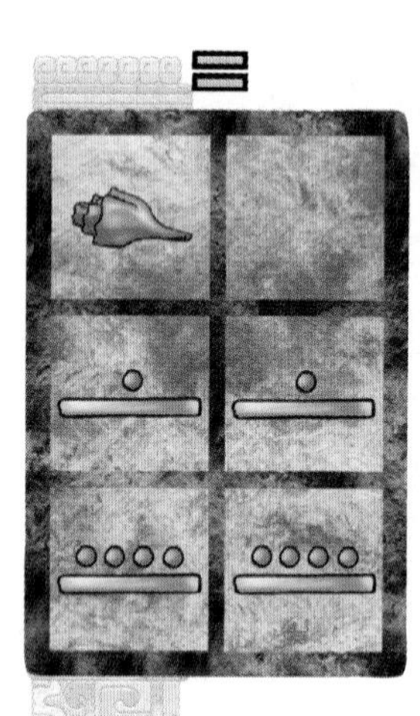

Vemos que la operación está completa. El resultado de la división aparece fuera del tablero, en la parte superior, y se escribe de esta manera en forma vertical.

Así 3588 ÷ 52 = 69.

Ejercicios:

- • Cinco elefantes pesan 28500 kilogramos. Suponiendo que todos tienen el mismo peso, ¿cuánto pesa cada uno?

- • • La lápida rectangular que se encuentra en el Templo de las Inscripciones, en la zona arqueológica de Palenque, Chiapas, tiene un área de 83600 centímetros cuadrados y mide 220 centímetros de ancho, ¿cuál es el largo de la lápida?

- • • • Un hombre en patines puede recorrer 48 kilómetros en una hora, seis veces el recorrido que puede hacer un nadador en el mismo tiempo, ¿cuántos kilómetros puede recorrer el nadador?

- •••• El halcón peregrino es el animal más veloz del mundo, puede alcanzar una velocidad de hasta 300 kilómetros por hora, ¿qué distancia puede recorrer en cinco minutos?

- —— El planeta Tierra tiene una forma casi esférica. Su diámetro mide aproximadamente 12756 kilómetros. La distancia que hay entre la Ciudad de México y

Santiago de Chile es el radio de la Tierra. ¿Cuál es la distancia entre la Ciudad de México y Santiago de Chile?

La Luna, único satélite natural de la Tierra, tiene una forma casi esférica, con un diámetro que es la cuarta parte del diámetro de la Tierra. Ésta es, curiosamente, la distancia aproximada entre las ciudades de Chetumal y Ensenada. Si el diámetro de la Tierra es aproximadamente 12 756 kilómetros, ¿cuál es el diámetro de la Luna?

El peso de un objeto en la Luna es la sexta parte del peso que tiene en la Tierra. Si un rinoceronte blanco pesó al nacer 66 kilogramos y actualmente pesa 3 552 kilogramos.

En la Luna

a) ¿Cuál fue su peso al nacer?
b) ¿Cuál es su peso actual?

Planeta o planetoide

El 15 de marzo de 2004 se dio a conocer el descubrimiento de un objeto astronómico. Todavía no se sabe si será el décimo planeta del Sistema Solar o se trata de un planetoide. Lo que sí se sabe es que tiene una órbita regular. Se calcula que su temperatura es de -240 °C. Su nombre se lo dieron en honor de la diosa esquimal de las profundidades del océano, para saberlo, haz las divisiones con tu tablero y sustituye cada resultado por la letra que aparece en el código.

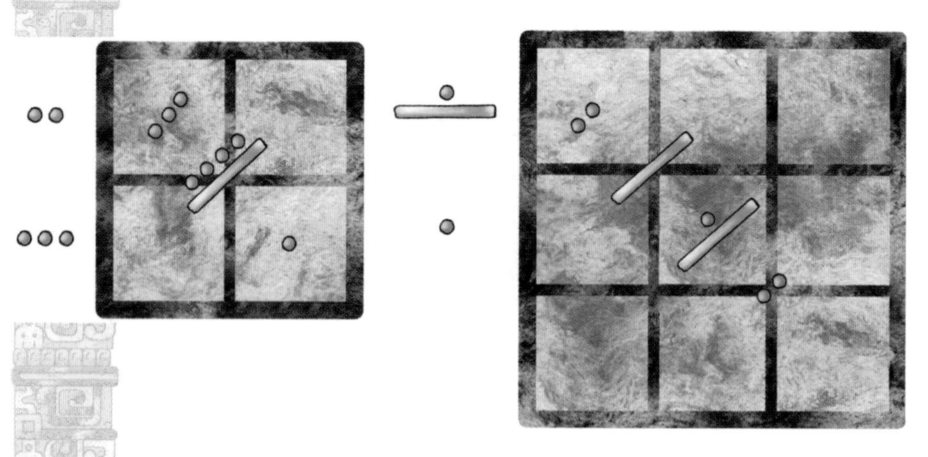

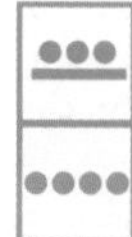

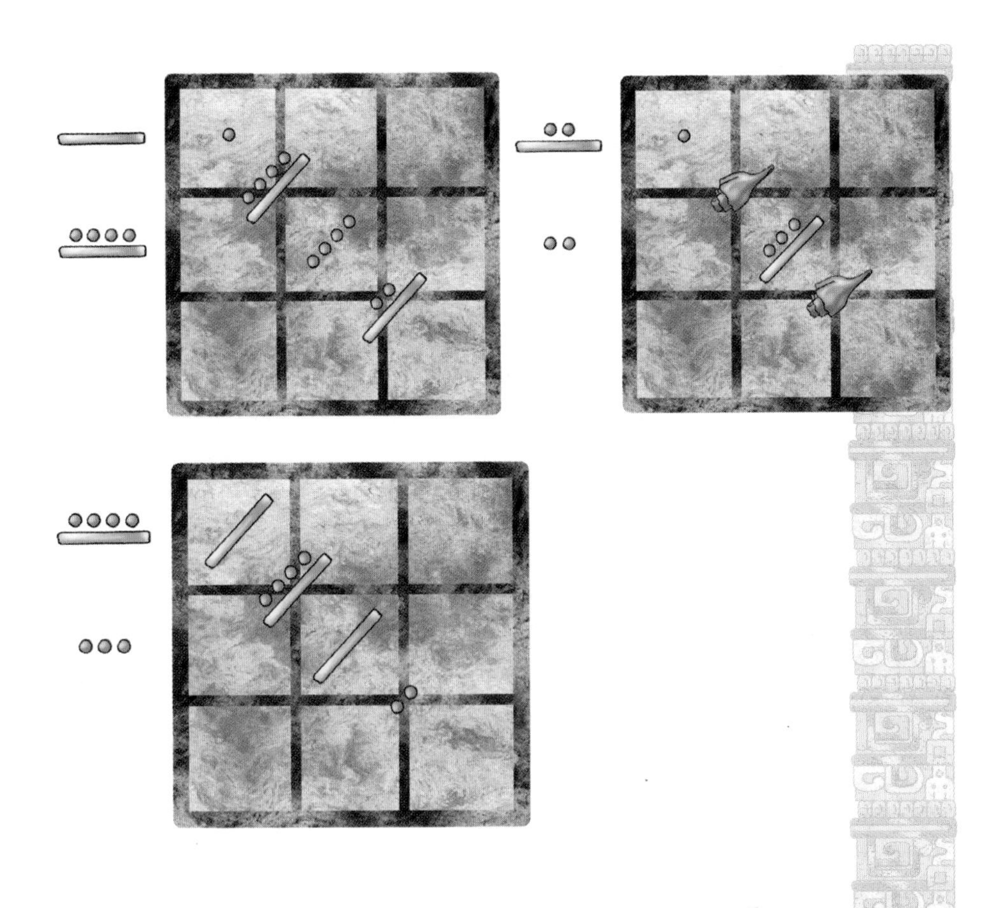

Código:

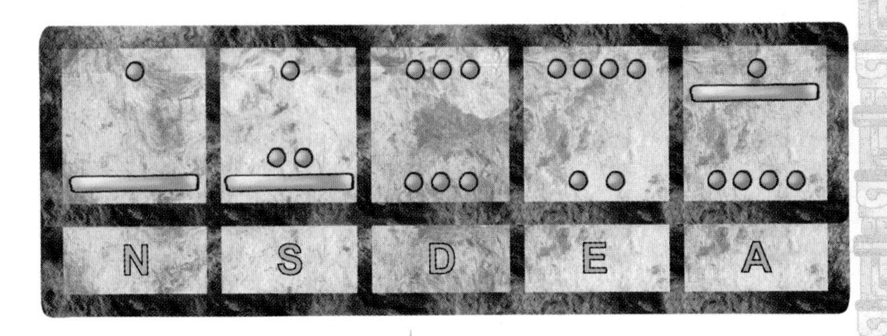

Este objeto es casi tan rojo como Marte y tarda 10 500 años en completar su órbita.

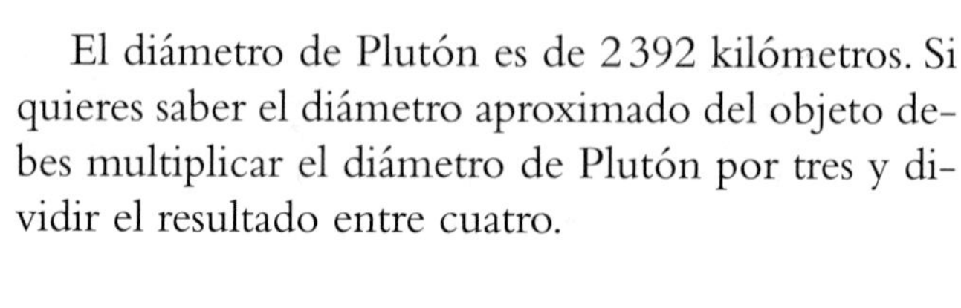

El diámetro de Plutón es de 2 392 kilómetros. Si quieres saber el diámetro aproximado del objeto debes multiplicar el diámetro de Plutón por tres y dividir el resultado entre cuatro.

Los planetas Mercurio, Venus, Marte, Júpiter y Saturno se conocen desde la época prehistórica.

Galileo Galilei, en 1610, fue el primero que observó Saturno con un telescopio; además, descubrió cuatro de los satélites de Júpiter, hoy conocidos como "las lunas de Galileo". Sus nombres son: Io, Europa, Ganimedes y Calixto.

Urano fue descubierto en 1781, Neptuno en 1846 y Plutón en 1930.

En la siguiente tabla aparecen los nueve planetas del Sistema Solar con sus diámetros así como el número de satélites conocidos hasta 2003.

Planeta	**Diámetro**	**Número**
Mercurio	4 880	
Venus	12 103	
Tierra	12 756	1
Marte	6 787	2
Júpiter	142 984	48
Saturno	120 536	30
Urano	51 118	21
Neptuno	55 528	11
Plutón	2 392	1

Escribe los diámetros de los planetas con símbolos mayas.

Raíz cuadrada

Un granjero quiere hacer un gallinero que tenga metros cuadrados de área. Además, quiere que sea un cuadrado. Sólo necesita alambrar tres lados del cuadrado, ya que el área que eligió para colocar el gallinero colinda con una barda. ¿Cuántos metros de malla tiene que comprar para hacer el gallinero?

Solución:

Primero necesitamos saber cuánto mide el cuadrado de lado. Para ello coloca en tu tablero el número de la siguiente manera:

Lo que aparece en el tablero es el resultado de una multiplicación en la que los dos factores son iguales.

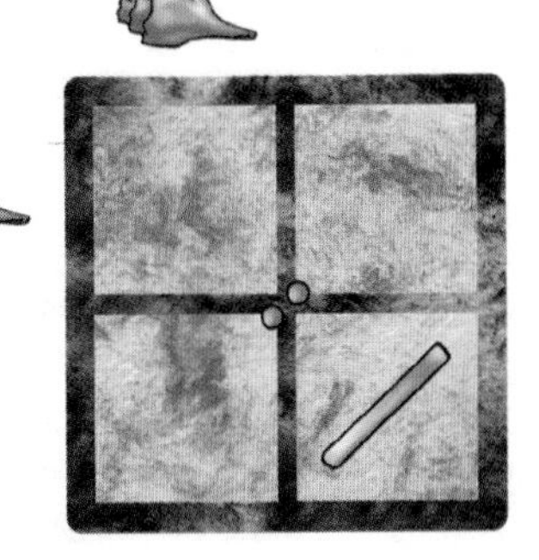

Como la primera casilla del tablero está vacía, entonces colocamos un arriba y a la izquierda de la primera casilla.

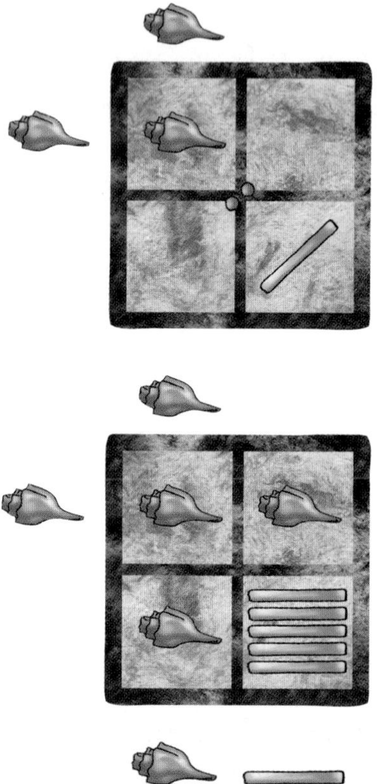

En el primer cuadro del tablero colocamos un [concha] ya que es el producto de los dos factores correspondientes.

Como tenemos un [concha] a la izquierda, entonces en el primer renglón todos los cuadros del tablero tienen que tener un [concha] y también la primera columna tiene que tener un [concha], entonces quitamos los dos puntos y ponemos cuatro rayas en el siguiente nivel.

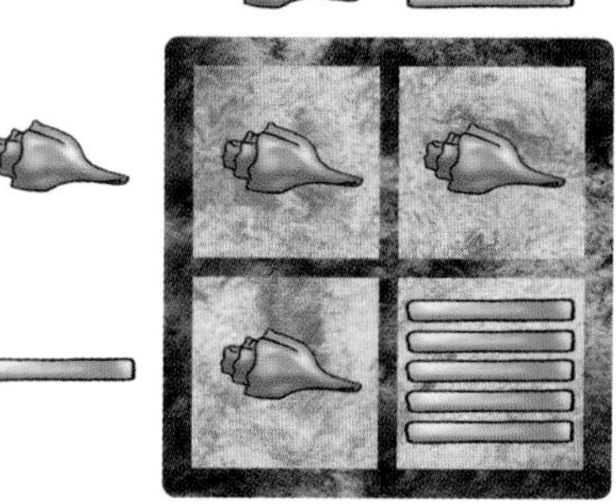

Para completar la operación debemos colocar una raya arriba y otra a la izquierda, como se indica:

La operación que acabamos de hacer se llama raíz cuadrada. Entonces la raíz cuadrada de [dos puntos y una raya] es [raya].

Como el área de un cuadrado es

$$\text{área} = l^2$$

donde l es el lado del cuadrado, entonces el lado del gallinero mide [raya] metros.

El granjero debe comprar malla para tres lados del cuadrado, es decir,

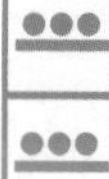

haciendo la multiplicación tenemos:

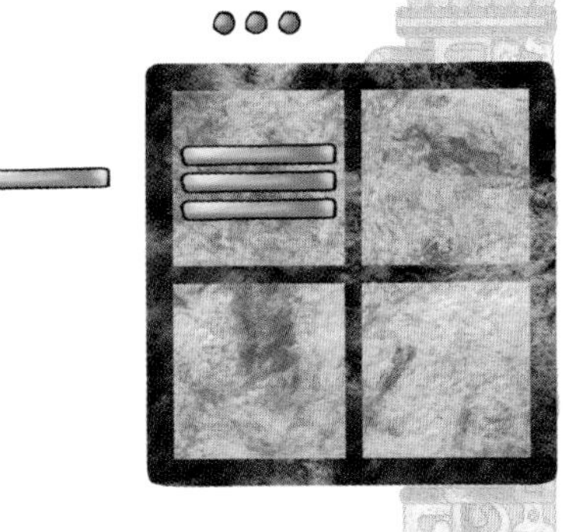

de donde:

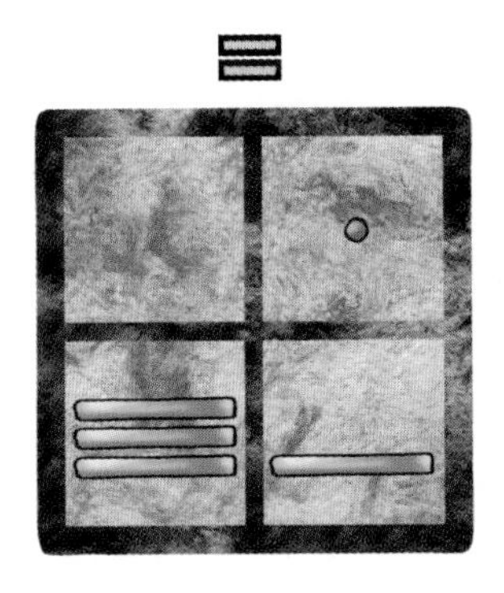

El granjero debe comprar  metros de malla para el gallinero.

Para sacar la raíz cuadrada de un número siempre debemos colocar las unidades sobre un cuadro del tablero y los niveles hacia arriba.

Ejemplo •: Calcula la raíz cuadrada de:

Solución:

Colocamos los números en el tablero.

Lo que aparece en el tablero es el resultado de una multiplicación en la que los dos factores son iguales.

Como en la primera casilla hay cuatro puntos y debemos colocar fuera del tablero la misma cantidad arriba y a la izquierda, entonces colocamos dos puntos.

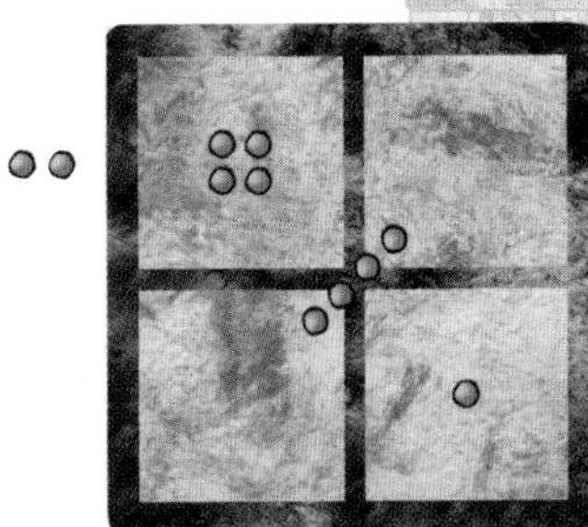

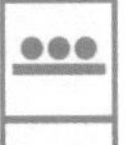

De esta manera la primera casilla del primer renglón queda completa. Ahora repartimos los cuatro puntos del siguiente nivel de esta manera:

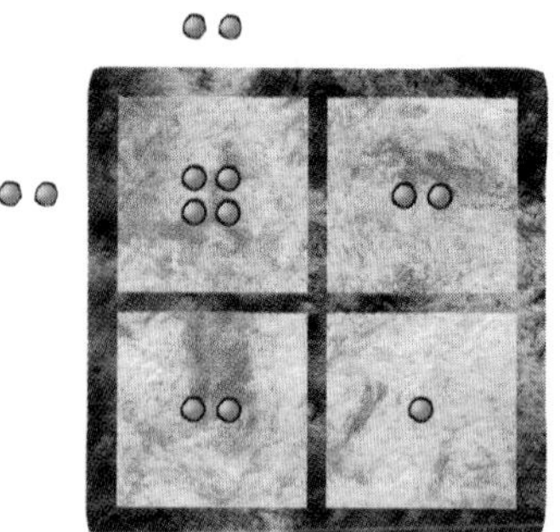

Como arriba de la primera columna hay dos puntos, esto sugiere que a la izquierda de la primera casilla del segundo renglón debemos colocar un punto y entonces también debemos colocar un punto arriba de la segunda columna.

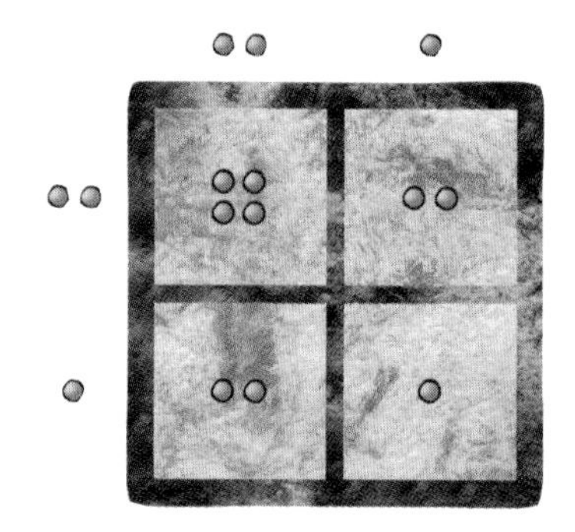

Ahora observamos que todas las casillas están correctas.

Así, la raíz cuadrada de

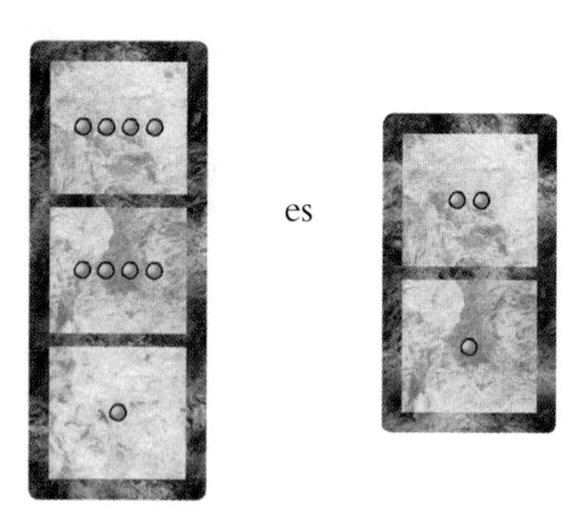

Por lo tanto, $\sqrt{441} = 21$.

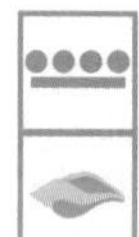

Ejemplo ••: Calcula la raíz cuadrada de:

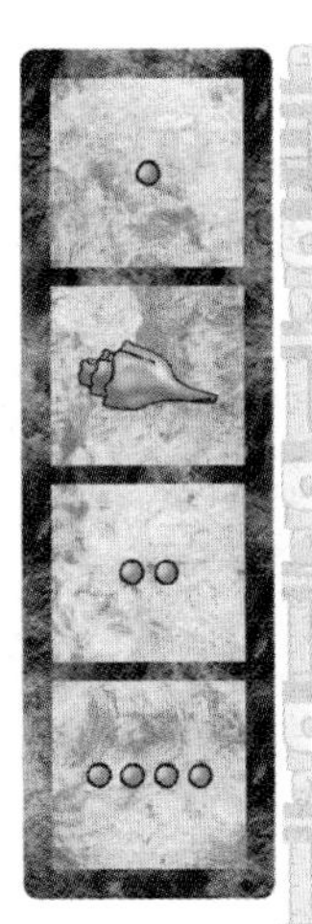

Solución:

Colocamos el número en el tablero.

Nuevamente, para calcular una raíz cuadrada, siempre colocamos el número en la diagonal de manera que la cifra de las unidades quede en un cuadro y lo que aparece en el tablero es el resultado de una multiplicación en la que los dos factores son iguales.

Como la primera casilla está vacía y debemos colocar fuera del tablero la misma cantidad arriba y a la izquierda, entonces colocamos un 🐚.

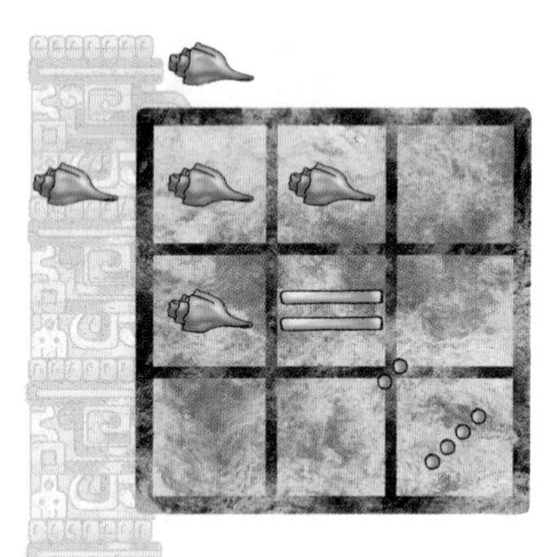

En la segunda casilla del primer renglón y en la primera casilla del segundo renglón debemos poner un 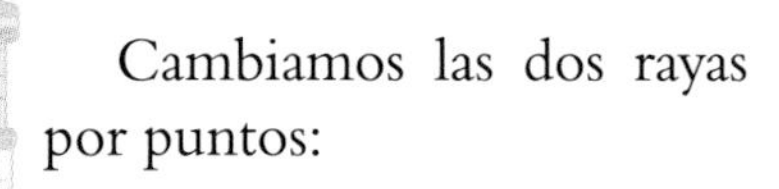, entonces quitamos el punto que aparece en ese nivel y ponemos dos rayas en el nivel de abajo.

Cambiamos las dos rayas por puntos:

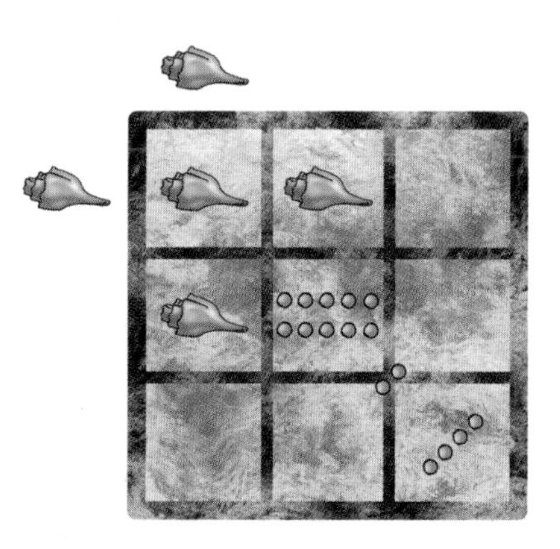

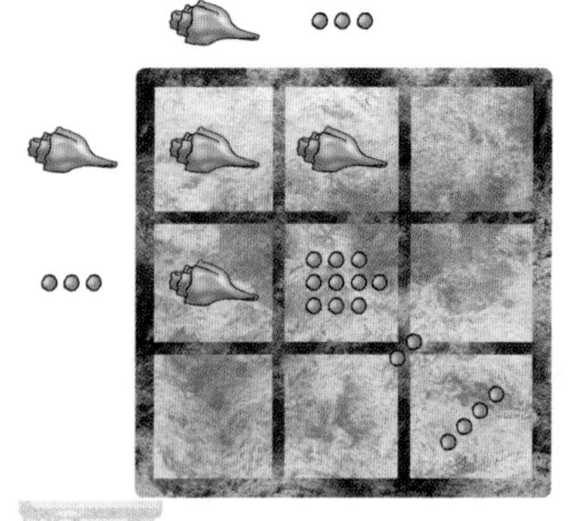

Sobre la segunda columna no podemos colocar una raya, ya que a la izquierda también tendríamos que colocar una raya y en la segunda casilla del segundo renglón debería haber cinco veces una raya. Tampoco es posible colocar cuatro puntos, ya que en ese caso deberíamos tener en la segunda casilla del segundo renglón cuatro grupos de cuatro puntos.

Intentamos con tres puntos, los colocamos fuera, arriba y a la izquierda de la segunda columna, y hacemos en la segunda casilla del segundo renglón tres grupos de tres puntos.

Observamos que en la segunda casilla del segundo renglón sobra un punto, lo quitamos, ponemos dos rayas en el nivel inferior y repartimos las dos rayas y los dos puntos que quedan en el nivel de la manera siguiente:

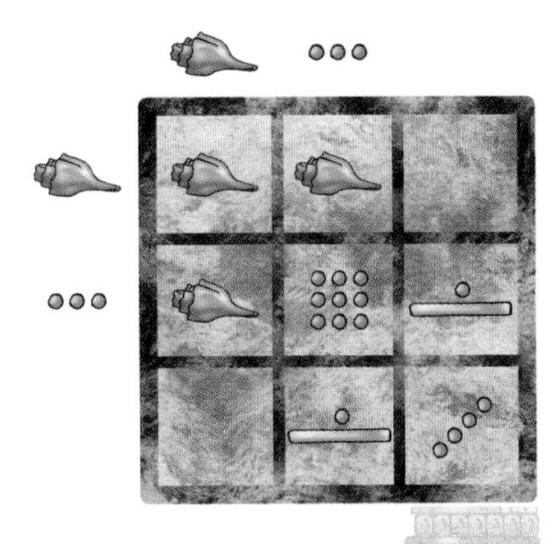

Notamos que en las casillas que quedan vacías debemos colocar un ya que fuera del tablero tenemos un tanto arriba como a la izquierda de la primera casilla.

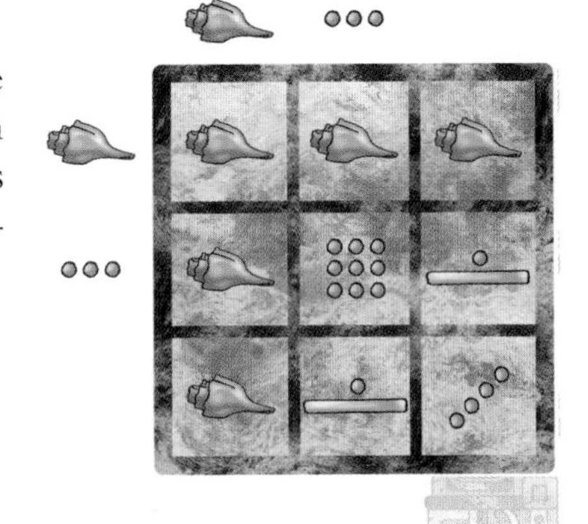

Por último, si cambiamos por puntos las rayas que aparecen en la tercera casilla del segundo renglón y en la segunda casilla del tercer renglón:

colocando tanto arriba como a la izquierda de la tercera columna,

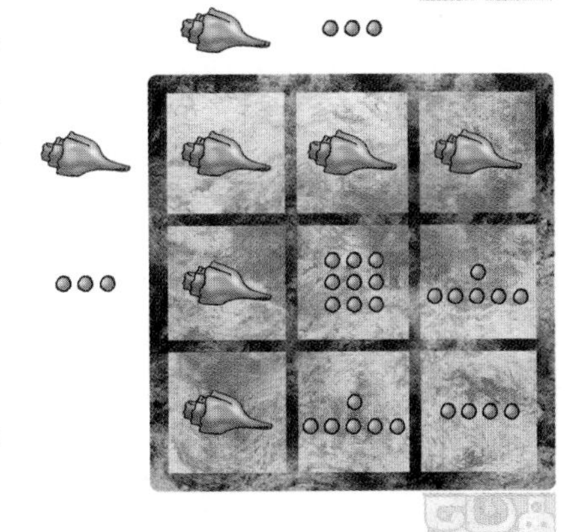

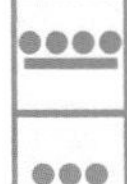

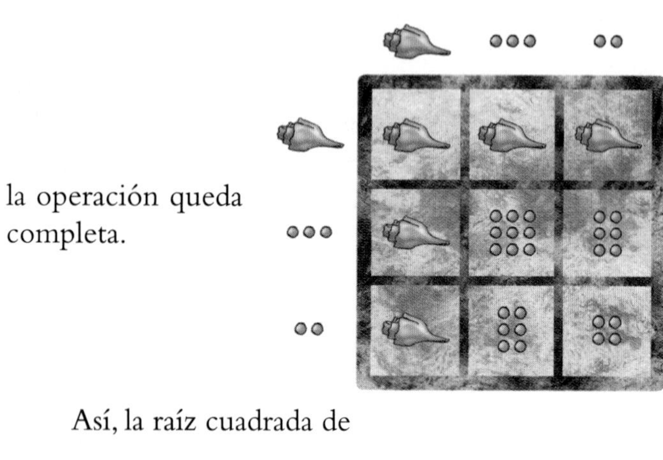

la operación queda completa.

Así, la raíz cuadrada de

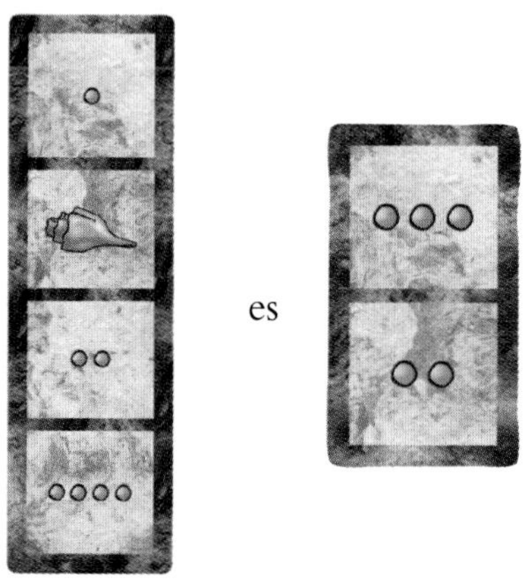

es

Ejercicios:

Encuentra las raíces cuadradas de los siguientes números:

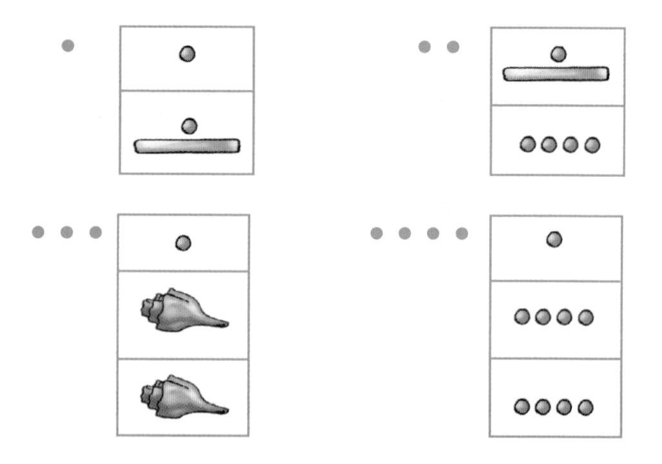

Bibliografía

FRAY DIEGO DE LANDA, *Relación de las Cosas de Yucatán,* Editorial Porrúa, México, 1973.

RAFAEL GIRARD, *Los mayas,* Libromex Editores, México, 1966.

S.G. MORLEY, *La civilización maya,* Fondo de Cultura Económica, México, 1972.

H.M. CALDERÓN, *La ciencia matemática de los mayas,* Editorial Orión, México, 1966.

L.F. MAGAÑA, Las matemáticas de los mayas, *Revista Ciencias* núm. 19, julio de 1990, Facultad de Ciencias de la UNAM.

GEORGE ABELL, *Exploration of the Universe,* Holt, Rinehart and Winston, Nueva York, 1969.

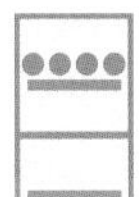

Puntos, Rayas y Caracoles,
de Emma Lam, Luis Fernando Magaña y Elena de Oteyza
forma parte de la colección Sello de arena.
Se termino de imprimir en la ciudad de México
el mes de mayo de 2013, en los talleres
de Editorial Color, SA de CV, con domicilio
en Naranjo 96-bis, Colonia Santa María la Ribera,
06400, México, D.F., en su composición
se utilizaron tipos Bembo Regular.
La edición estuvo al cuidado del equipo
de Editorial Terracota